"十四五"普通高等教育本科部委级规划教材

产教融合教程

童装数字化设计与应用

易　城　孙巧格　贺　鑫◎编著

CHANJIAO RONGHE JIAOCHENG
TONGZHUANG SHUZIHUA SHEJI YU YINGYONG

"十四五"普通高等教育本科部委级规划教材

中国纺织出版社有限公司

内 容 提 要

本书以培养童装设计专业应用人才为首要目标，结合目前市场上的儿童服装设计大赛，针对Procreate软件的使用方法、童装效果图的绘制基础和系列童装作品实例进行研究与论述，同时对童装效果图中头、手、脚等部位的细节刻画及面料的绘制方法展开详细的讲解。

本书图文并茂，呈现了多系列童装设计作品，突出实用性、可操作性、创新性，由浅入深，循序渐进，适合服装与服饰设计专业师生、从业人员、研究者以及广大爱好者阅读、欣赏。

图书在版编目（CIP）数据

产教融合教程：童装数字化设计与应用 / 易城，孙巧格，贺鑫编著. --北京：中国纺织出版社有限公司，2025.8. --（"十四五"普通高等教育本科部委级规划教材）. -- ISBN 978-7-5229-2846-3

Ⅰ. TS941. 716

中国国家版本馆 CIP 数据核字第 20250H71Z4 号

责任编辑：施 琦 李春奕 责任校对：高 涵
责任印制：王艳丽

中国纺织出版社有限公司出版发行
地址：北京市朝阳区百子湾东里 A407 号楼 邮政编码：100124
销售电话：010—67004422 传真：010—87155801
http://www.c-textilep.com
中国纺织出版社天猫旗舰店
官方微博 http://weibo.com/2119887771
北京通天印刷有限责任公司印刷 各地新华书店经销
2025 年 8 月第 1 版第 1 次印刷
开本：889×1194 1/16 印张：10
字数：135 千字 定价：69.80 元

总 序
GENERAL PREFACE

当前，新时代浪潮席卷而来，产业转型升级与教育强国目标建设均对我国纺织服装行业人才培育提出了更高的要求。一方面，纺织服装行业正以"科技、时尚、绿色"理念为引领，向高质量发展不断迈进，产业发展处在变轨、转型的重要关口。另一方面，教育正在强化科技创新与新质生产力培育，大力推进"产教融合、科教融汇"，加速教育数字化转型。中共中央、国务院印发的《教育强国建设规划纲要（2024—2035年）》明确提出，要"塑造多元办学、产教融合新形态"，以教育链、产业链、创新链的有机衔接，推动人才供给与产业需求实现精准匹配。面对这样的形势任务，我国纺织服装教育只有将行业的前沿技术、工艺标准与实践经验深度融入教育教学，才能培养出适应时代需求和行业发展的高素质人才。

高校教材在人才培养中发挥着基础性支撑作用，加强教材建设既是提升教育质量的内在要求，也是顺应当前产业发展形势、满足国家和社会对人才需求的战略选择。面对当前的产业发展形势以及教育发展要求，纺织服装教材建设需要紧跟产业技术迭代与前沿应用，将理论教学与工程实践、数字化趋势（如人工智能、智能制造等）进行深度融合，确保学生能及时掌握行业最新技术、工艺标准、市场供求等前沿发展动态。

江西服装学院编写的"产教融合教程"系列教材，基于企业设计、生产、管理、营销的实际案例，强调理论与实践的紧密结合，旨在帮助学生掌握扎实的理论基础，积累丰富的实践经验，形成理论联系实际的应用能力。教材所配套的数字教育资源库，包括了音视频、动画、教学课件、素材库和在线学习平台等，形式多样、内容丰富。并且，数字教育资源库通过多媒体、图表、案例等方式呈现，使学习内容更加直观、生动，有助于改进课程教学模式和学习方式，满足学生多样化的学习需求，提升教师的教学效果和学生的学习效率。

希望本系列教材能成为院校师生与行业、企业之间的桥梁，让更多青年学子在丰富的实践场景中锤炼好技能，并以创新、开放的思维和想象力描绘出自己的职业蓝图。未来，我国纺织服装行业教育需要以产教融合之力，培育更多的优质人才，继续为行业高质量发展谱写新的篇章！

纪晓峰

中国纺织服装教育学会会长

2024年12月

前言
PREFACE

　　随着童装行业的快速发展，童装企业对产品开发质量的提升越发关注，儿童服装设计大赛所赋予的荣誉感和市场价值能激励企业和学生共同进步。数字媒介的兴起已经改变了视觉艺术的传统表达方式，仅凭传统方法已无法满足现代教学的多样化需求，越来越多的创作者和设计师开始利用数字化工具，这一趋势也推动了科技与艺术的深度融合。本书主要内容是帮助学生在了解童装效果图的基础绘制方法的基础上，掌握数字化童装产品设计的表达、童装趋势版制作与排版及童装效果图绘制的步骤与方法。

　　童装产业转型升级需要依赖高素质技术技能人才的支撑，以产教融合和赛教融合为载体，深化校企合作协同育人，以童装设计大赛为抓手，以赛促教、以赛促学、以赛促改、以赛促建。本书案例所用的设备为iPad Pro和Apple Pencil，书中涵盖了典型且丰富的教学案例，循序渐进、深入浅出地讲解了不同风格的童装效果图绘制技巧，是一本Procreate绘画应用软件绘制童装系列效果图的实用入门教程。部分图片素材源于网络，作为灵感来源或参考素材。本书精心编排了每一章节的教学内容与课程安排，将每个部分的内容进一步细分为具体的课时。内容共分为三个章节，第一章对Procreate绘图工具进行全面、系统地介绍；第二章通过真实案例对多种材质的面料进行剖析，展示了不同面料的绘制步骤与表现技法；第三章融入大量优秀案例，详细讲述了童装趋势版的排版方法，归纳与整理出一套完整的排版方案与技巧，分析不同风格的系列童装效果图的排列方式、绘图步骤与方法。通过对本书内容的学习，学生能了解数字化童装效果图绘制方法与表现形式，能整合童装流行要素，运用不同的设计手法，进行童装效果图的表达与系列拓展设计。

　　本书由江西服装学院易城、孙巧格、贺鑫，上海除纬服饰有限公司纪日琪与刘长久联合编著。江西服装学院2020级赫利童装产业学院的李彩瑶、张锦达、张黎阳、王家海、张天宇、陈曦，2021级赫利童装产业学院的刘明慧、周玉琪、彭振涛、侯翔卿、蒋於倩、陈雯琪、张佳慧、张瑜、冯一金、徐超、董亚楠等同学积极地为本书提供了大量的图片资料。本书在撰写过程中还得到了江西服装学院服装设计学院领导对产教融合项目教学的全力支持，再次表示衷心的感谢！

　　服装设计是理性与感性交织的艺术，本书尝试打破传统工具书的框架，融入跨界灵感与实验性思维。因个人视角与经验所限，未能充分覆盖多元设计场景。若读者对书中案例、观点有不同见解，请批评指正。

编著者

2025年4月

教学内容及课时安排

课程性质（课时）	节	课程内容
基础理论 （16课时）	·	**童装效果图绘制工具——Procreate软件介绍**
	一	快捷手势
	二	绘图工具
	三	侧栏调整工具
	四	高级功能
设计实践 （36课时）	·	**童装效果图表现技法**
	一	童装效果图人物表现技法
	二	童装效果图服装表现技法
	三	童装效果图绘制过程
案例分析 （8课时）	·	**系列童装作品构思与表现**
	一	整齐式构图
	二	错位式构图
	三	残缺式构图
	四	主体式构图

注　各院校可根据自身的教学特点和教学计划对课程时数进行调整。

目 录
CONTENTS

第一章

童装效果图绘制工具——Procreate 软件介绍

课题名称： 童装效果图绘制工具——Procreate 软件介绍

课题内容：

1.快捷手势

2.绘图工具

3.侧栏调整工具

4.高级功能

课题时间： 16课时

教学目标：

1.认识Procreate 软件基础工具

2.熟练掌握快捷手势操作步骤

3.熟悉各类笔刷的应用场景

4.掌握色彩与图案填充方法

教学方式： 实践实操、案例讲解、小组讨论、多媒体演示

实践任务： 提前下载 Procreate 软件，查阅市场资讯和资料，列举成形针织服装案例，并对案例中成形针织服装展开分析。要求：

1.了解Procreate 软件基础工具的作用

2.分析快捷手势在不同场景下的操作步骤

3.分析笔刷在不同场景下的操作步骤

4.分析色彩与图案在不同场景下的操作步骤

Procreate软件是一款专用于iPad设备的绘图软件，相较于手绘板连接计算机，更加的方便快捷，可随身携带，软件功能可基本满足童装效果图、款式图、图案设计、色彩选配等绘制需求，该软件配备了上百种常用笔刷，文件也可导出多种格式，可与计算机CorelDRAW Graphics Suite、Adobe Photoshop、Adobe Illustrator等软件进行互通，也弥补了传统手绘模式下手绘工具烦琐及修改不便等不足。

在Procreate软件的界面中，可以将其分为三个主要部分：绘图工具、侧栏工具与高级功能（图1-1）。

打开后进入Procreate软件，进入菜单界面，右上角有五个按钮，分别是"绘图工具""涂抹工具""擦除工具""图层工具"和"色彩工具"（图1-2）。

新建画布进入后会出现Procreate软件界面三个主要部分，其详细说明如图1-3所示。

图1-1　Procreate软件界面功能1

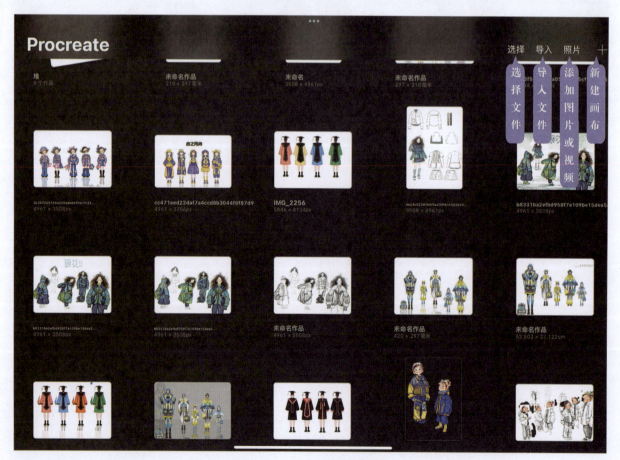

图1-2　Procreate软件菜单界面

软件初始界面　操作功能　调整功能　选取功能　变换变形

绘图工具　涂抹工具　擦除工具　图层工具　色彩工具

笔刷尺寸

修改扭

画笔不透明度

撤销/重做箭

前进

图1-3　Procreate软件界面功能2

第一节　快捷手势

　　快捷手势允许用户通过快速移动指尖来执行拷贝、合并图层、放大缩小界面以及后退等操作，从而显著提升了绘图的效率及质量，具体操作过程如图1-4～图1-7所示。

图1-4　指尖移动操作

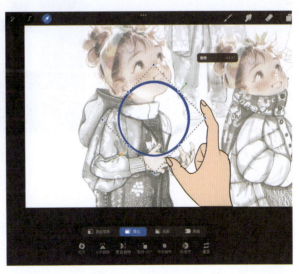

图1-5　两指尖旋转操作

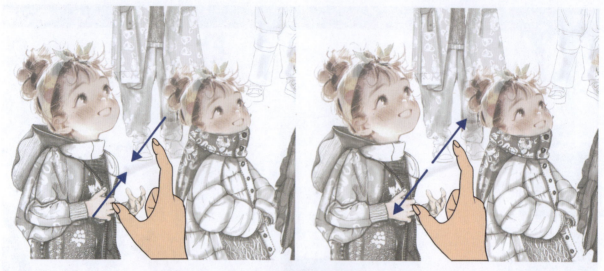

图1-6 两指尖放大与缩小操作

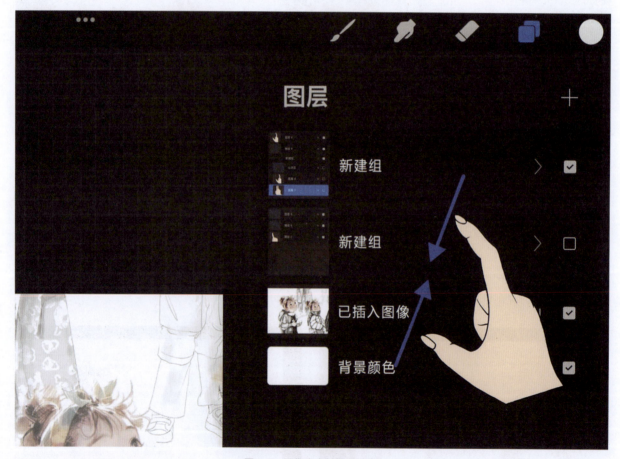

图1-7 两指尖合并图层操作

第二节 绘图工具

在菜单列表右上方可以找到绘制所需的工具：笔刷工具、涂抹工具、橡皮工具和图层工具，见表1-1。

表1-1　绘制工具

工具分类	工具图示
笔刷工具	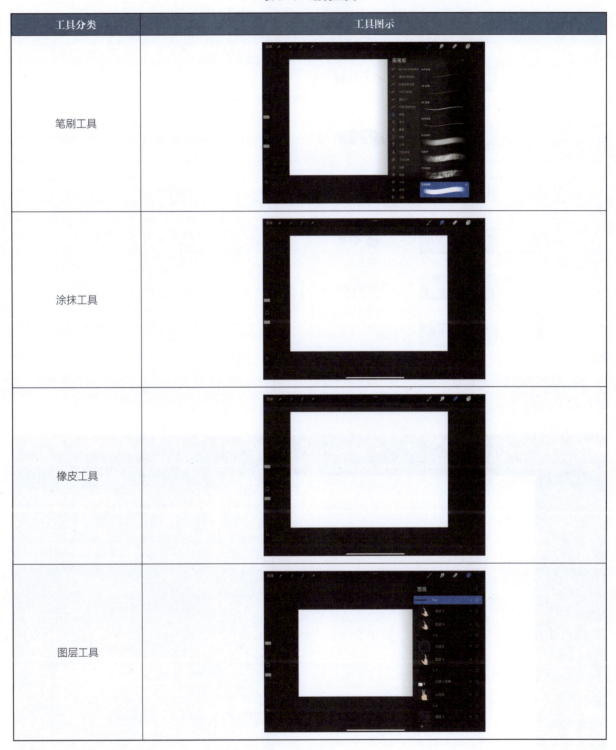
涂抹工具	
橡皮工具	
图层工具	

一　笔刷工具

在绘制童装效果图时，所用到的笔刷主要分为六类，分别是：草图及线稿笔刷、填色笔刷与涂抹笔刷、款式图笔刷、明暗笔刷、高光笔刷、缝纫线笔刷（表1-2）。

表1-2 常用笔刷参考

笔刷类型	笔刷样式	笔刷演示	应用场景
草图及线稿笔刷	6B 铅笔	〰️	软件内置的6B素描笔刷能模拟出铅笔的绘画效果，自带的颗粒感能真实地还原绘画的质感。6B铅笔能根据笔触的压感，使线条的轻重和显色度产生变化，6B素描笔刷铅笔为画师们提供了更高的还原度
填色笔刷与涂抹笔刷	硬气笔	〰️	硬气笔刷的两端笔尖较为圆润，适合进行大面积的色彩填充
款式图笔刷	Technical Pen	〰️	款式图笔刷设计精巧，两端尖锐，能根据用户的笔触压力调整线条粗细，绘制出的线条坚实而清晰，色彩浓郁，非常适合绘制款式图中需要的明确线条
明暗笔刷	阴影笔刷	〰️	阴影笔刷具有实边与虚边的双重特性，使得在绘制阴影和高光时，能营造出自然的效果
高光笔刷	MG Neon Signature subtle	〰️	高光笔刷具有虚化的边缘，能创造出柔和的晕染效果。在绘制高光时，它能自然地提亮，增强画面的立体感
缝纫线笔刷	Plain Stitch	- - - - -	自制缝纫线笔刷，可以根据笔刷大小调整缝纫线间距，在绘制效果图细节时，也是必不可少的

绘制时，可进入笔刷库中选取合适的笔刷进行描绘，在笔刷库中，也可选择右上角"+"符号导入其他笔刷，笔刷的粗细、不透明度可以在左侧栏中进行调整（图1-8）。

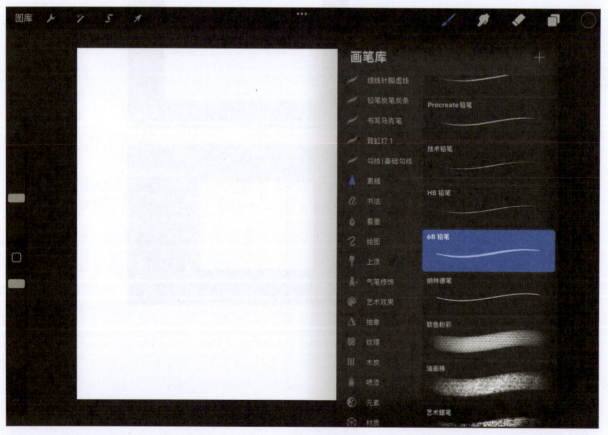

图1-8 笔刷工具界面

　　所有的笔刷均可调节性能，如画笔压感、笔尖粗细、画笔湿润度、笔刷颗粒等，界面右侧的绘图板的作用为：笔触试样，可帮助设计师调节至预想的笔触效果（图1-9~图1-22）。

图1-9　描边路径性能调节界面

图1-10　稳定性性能调节界面

图1-11　锥度性能调节界面

图1-12　线条形状性能调节界面

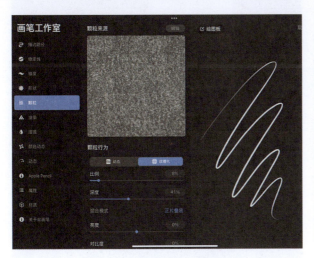

图1-13　颗粒性能调节界面

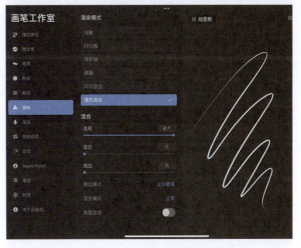

图1-14　渲染性能调节界面

图1-15　湿混性能调节界面

图1-16　颜色动态性能调节界面

图1-17　动态性能调节界面

图1-18　压力性能调节界面

图1-19　属性性能调节界面

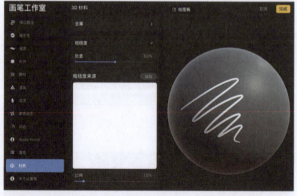

图1-20　材质性能调节界面——粗糙度调节

图1-21　材质性能调节界面——金属属性调节

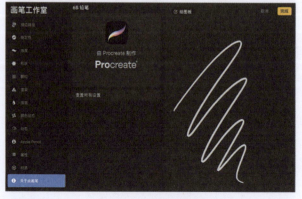

图1-22　笔刷重置界面

二 ＼涂抹工具

涂抹工具可选择不同笔刷对所绘制内容进行模糊处理。长按涂抹工具可选择与画笔工具相同的笔刷（图1-23）。

涂抹工具也可巧妙地模拟真实的笔刷绘制效果，若笔刷绘制出的效果未能达到真实的绘制效果，可将涂抹工具与笔刷工具相结合。涂抹工具中的笔刷可以刻画细节，是绘制效果图的重要工具之一。如图1-24所示，序号1为普通画笔，序号2～5为运用不同笔刷的涂抹工具调节后的效果。

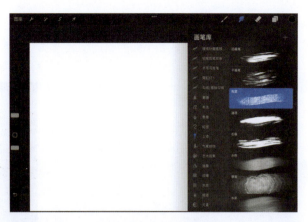

图1-23　涂抹工具界面

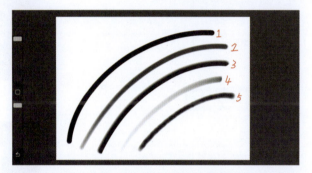

图1-24　通过涂抹工具调节的笔刷效果

三 ＼橡皮工具

橡皮工具可选择不同笔刷对所绘制内容进行修改或微调。长按橡皮工具可选择与画笔工具相同的笔刷，橡皮性能调节与笔刷调节方式相同（图1-25）。

四 ＼图层工具

图层工具可以在已完成的图像上叠加更多内容且不影响原图，可轻松移动、编辑、重新上色或删除个别元素（图1-26）。

【重命名】：对该图层进行重新命名。

【选择】：选择该图层并进行调整。

【拷贝】：对该图层内容进行拷贝，可跨文件进行拷贝、粘贴。

【填充图层】：对该图层填充颜色。

【清除】：清除该图层所有内容。

【阿尔法锁定】：锁定后，图层背景变为格子状，只可对该图层进行调整。

【蒙版】：生成一个新的蒙版图层，服务于本体图层。蒙版图层中的黑色相当于擦除工具，白色相

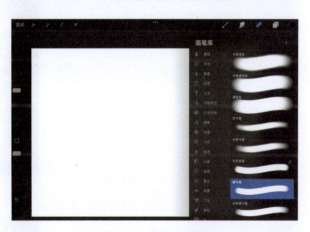

图1-25　橡皮工具界面

图1-26　图层工具界面

当于还原工具，灰色是对有透明度的区域进行擦除。

【剪辑蒙版】：生成多个新的剪辑蒙版图层，服务于本体图层。剪辑蒙版图层可以在本体图层的基础上改变颜色。

【反转】：将该图层颜色反转成对比色。

【参考】：常用于线稿填色。打开参考工具可以对颜色进行填充，且不影响线稿效果。

【向下合并】：将该图层与下一图层合并为同一图层。

【向下组合】：将该图层与下一图层组合到同一组合。

五 \ 颜色工具

颜色工具可以选择、调整并调和色彩，以及存储、导入和分享调色板或将色彩拖到作品当中进行上色处理。

【色盘】：可以通过拖动小标圈在不同饱和度的色环中进行选色，外圈为色相圈，内圈小光标所在之处为最终所选颜色（图1-27）。

【经典】：所示颜色为经典常用颜色，可以在方格选择器中进行选色，并通过色相、饱和度、亮度进行具体调节（图1-28）。

【色彩调和】：可选择互补、补色分割、近似、三等分、矩形五种调和方式。系统根据所选方式提供相适的色彩。

【值】：在滑动调节器当中，根据数值和十六进制参数进行所选颜色的具体调整。

【调色板】：软件自带部分标准调色板，也可导入或自创调色板（图1-29）。

图1-27 颜色工具界面——色盘

图1-28 颜色工具界面——经典

图1-29 颜色工具界面——调色板

第三节 侧栏调整工具

在左边侧栏中可以找到各种修改工具，如调整笔刷尺寸和透明度、快速操作撤销、重做及随时进行修改等工具。

一 \ 笔刷尺寸

调整滑动键向上可增大笔刷尺寸、提供较粗的笔画；向下则会将笔尖变小进而画出较细的线条。若进行大幅度调整，在滑动键任意处轻点即可调整成该点的尺寸。若要针对尺寸进行微调，长按滑动键并用手指往旁边拖动，同时保持手指触碰时向上下滑动，即可减少滑动键的移动幅度（图1-30）。

图1-30 笔刷尺寸调整界面

二 \ 修改钮

轻点正方形按钮会自动弹出【吸管工具】，可以直接从当前作品中选取颜色，也可以按住正方形按钮并轻点画布任意处使用【吸管工具】（图1-31）。

图1-31 修改钮界面

三 \ 画笔不透明度

向上或向下拖动滑动键来降低或增加画笔的不透明度来获得从完全透明到完全不透明的笔画，如同笔刷尺寸滑动键，用手指向旁边拖动后再向上下滑动获得更精准的不透明度（图1-32）。

四 \ 撤销或重做

轻点上方的【撤销】工具可以取消前一个操作步骤，轻点下方的【重做】工具可以进行复

图1-32 画笔不透明度修改界面

原，界面上方会出现通知重做或撤销的操作使用了哪个工具，最多可以撤销250个操作步骤。轻点并长按箭头可以快速重做或撤销多个操作步骤（图1-33、图1-34）。

图1-33　撤销界面

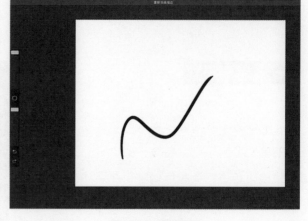

图1-34　重做界面

第四节　高级功能

在菜单列表左上方可以找到所有用来创造多元又综合的高级功能。

一　图库

组织并管理该软件中的所有作品、创建新画布、导入图像和分享Procreate软件中的作品（图1-35）。

图1-35　图库界面

二 \ 操作工具

操作工具包含所有插入、分享和调整画布及内容所需的实用功能的工具，并可以调整界面和触摸设置。

1.添加

添加工具可以导入图像后将其加入画布当中，并可以使用剪贴板进行剪切、拷贝及粘贴操作（图1-36）。

图1-36 添加界面

【插入文件】：可插入与Procreate匹配的格式文件。

【插入照片】：可直接插入系统里面的图片。在绘制童装效果图时，常用于插入人体模板、面料、图案等。

【拍照】：直接拍照。

【添加文本】：文字工具。

【剪切】：剪辑本图层内容。

【拷贝】：复制本图层内容。

【拷贝画布】：复制本图层所有内容。

【粘贴】：粘贴已复制内容。

2.画布

可以对画布进行裁剪、调整尺寸和翻转（图1-37）。

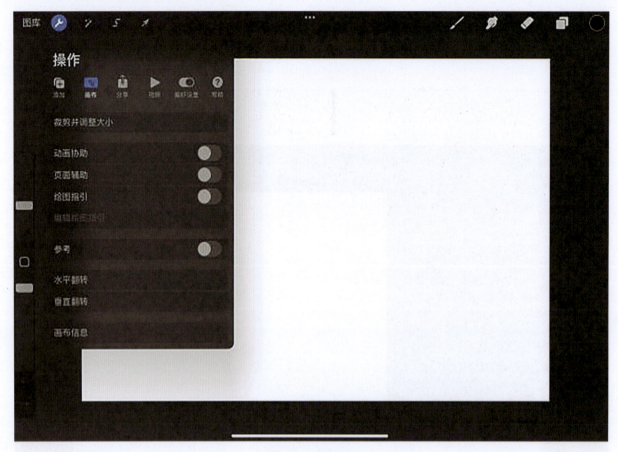

图1-37　画布界面

【裁剪并调整大小】：改变画布尺寸，可以根据需求自行设置画布尺寸、DPI（分辨率）。

【动画协助】：可添加帧数，使图片变成动画。

【页面辅助】：横线与竖线的辅助绘图。

【绘图指引】：页面辅助线。

【编辑绘图指引】：开启【绘图指引】即可唤醒编辑工具，可调整网格、等距、透视、对称工具的不透明度、线条粗细、网格尺度等。

【参考】：可导入参考图片，作为绘图参考。

【水平翻转】：画布左右翻转。

【垂直翻转】：画布上下翻转。

【画布信息】：可查看尺寸、图层、颜色配置文件、视频、统计等信息。

3.分享

分享功能可以导出不同格式的文件、图片或图层（图1-38）。

（1）分享图像：将当前界面进行分享。

【Procreate】：分享源文件。

【PSD 】：导出 Photoshop 格式。

【PDF 】：导出文档格式。

【JPEG 】：导出图片格式。

【PNG 】：导出无背景图片格式。

【TIFF 】：导出高质量多信息点图层格式。

图 1-38　分享界面

（2）分享图层：将当前界面的各个图层导出分享。

【PDF 】：导出图层文档格式。

【PNG 文件 】：导出无背景文档格式。

【动画 GIF 】：导出动图格式。

【动画 PNG 】：导出无背景动图格式。

【动画 MP4 】：导出视频格式。

【动画 HEVC 】：导出压缩视频格式。

4.视频

将当前界面绘制的始末以视频的形式进行记录，是后台默认自动进行的（图 1-39）。

【缩时视频回放 】：绘制过程视频。

图1-39　视频界面

【录制缩时视频】：开启时可自动录制绘制视频，该视频会把时间缩短，达到快速浏览的效果。

【导出缩时视频】：导出缩时视频。

5.偏好设置

可以根据自己的偏好调整Procreate软件的界面（图1-40）。

【浅色界面】：将软件界面更改为白色。

【右侧界面】：改变侧栏位置。

【动态面笔缩放】：开启后无论如何缩放画布，画笔粗细都不会改变。

【投射画布】：开启后可使用数据传输或隔空投送功能，将其投射到其他设备。

【画笔光标】：悬停时可以看到画笔形状。

【高级光标设置】：可更改画笔光标显示及轮廓样式。

【压力与平滑度】：可根据个人需求调整画笔稳定性等。

【手势控制】：可开启及设置手势快捷功能。

【快速撤销延迟】：可滑动拉杆设置撤销延迟时间。

【选取蒙版可见度】：可滑动拉杆设置蒙版可见度百分比。

【尺寸和不透明度工具栏】：可开、关侧面工具栏。

图1-40　偏好设置界面

三　调整

调整工具可以快速地调节复杂色彩和应用渐变映射，或通过模糊效果、锐化、杂色、克隆及液化工具调整画面，还可以添加如泛光、故障艺术、半色调和色像差等特效（图1-41）。

【色相、饱和度、亮度】：调整整体画面或同一位置的色相、饱和度及亮度。

【颜色平衡】：调整画面中阴影、中间调、高亮区域的颜色。

【曲线】：可以通过更改曲线变化，调整画面整体的色彩倾向。

【渐变映射】：可以根据个人需求在渐变色彩库里选择颜色变化。

【高斯模糊】：融合不同颜色。

【动态模糊】：使绘制内容呈现动态效果。

【透视模糊】：选取一个透视点进行模糊变化。

【杂色】：增加画面肌理质感。

【锐化】：使画面更加清晰。

【泛光】：增加画面氛围感。

【故障艺术】：使画面呈现故障效果。

图1-41 调整工具界面

【半色调】：增加画面网点效果。

【色像差】：增加画面色像差效果。

【液化】：调整画面形态。

【克隆】：复制局部。

四 \ 选取

选取工具有四种框选方式：自动、手绘、矩形和椭圆。选取工具可以编辑部分图像，对图像进行精准控制（图1-42）。

【自动】：与Photoshop软件中的魔棒工具相似，可以自动选取颜色值相似的像素点，对于渐变色的处理，可以通过调整阈值进行改变。

【手绘】：与Photoshop软件中的手动套索工具相似。

【矩形】和【椭圆】：可框选规整的选区。

分别对以上四种框选工具设立子工具栏，可以更加详细地进行变化。

子工具栏如下：

【添加】：可连续框选选区。

【移除】：可在已框选选区内删减选区。

【反转】：选择选区外的所有部分，选区内则变为未选取部分。

【拷贝并粘贴】：在选择图层的基础上新建图层并粘贴已选取的部分。

【羽化】：可调整选区边缘的模糊值。

【存储并添加】：可以存储已框选选区。

【清除】：可清除框选部分。

图 1-42　选取工具界面

五 \ 移动

移动工具可根据具体图层进行调整，对所选图层有【自由变换】、【等比】、【扭曲】、【弯曲】四种形态的调整方式，可根据不同形态的要求在子工具栏进行【对齐（高级网格）】、【水平翻转】、【垂直翻转】、【旋转45°】、【符合画布】、【双线性】、【重置】调整（图1-43）。

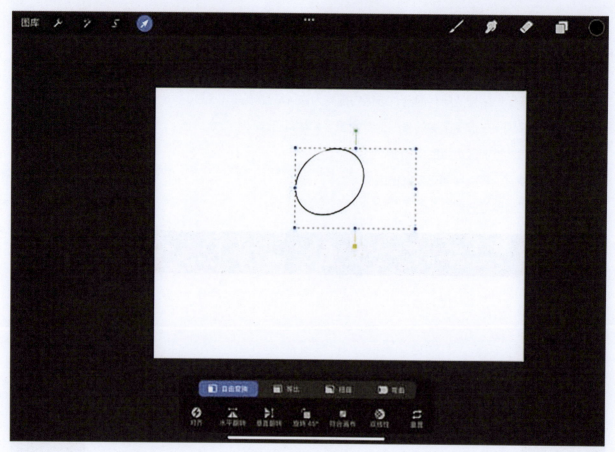

图1-43　移动工具界面

第二章
童装效果图表现技法

课题名称：童装效果图表现技法

课题内容：

1. 童装效果图人物表现技法

2. 童装效果图服装表现技法

3. 童装效果图绘制过程

课题时间： 36课时

教学目标：

1. 掌握儿童人体动态与比例绘制要点

2. 能对服装细节进行刻画

3. 掌握面料肌理绘制技巧与表现手法

4. 掌握童装效果图绘制步骤

5. 通过学习能独立完成系列效果图绘制

教学方式： 实践实操、案例讲解、小组讨论、多媒

体演示

实践任务： 提前下载 Procreate 软件，查阅市场资讯和资料，根据流行趋势查找素材资料，至少准备500 张以上的素材图，包含廓型、款式、结构、色彩搭配等素材图。为绘制效果图做准备，要求：

1. 完成人物形象设计并根据服装设计风格完成人物形象色彩填充

2. 掌握色彩填充与面料肌理绘制方法，并在绘制效果图时恰当运用

3. 掌握男童与女童的绘制过程并能独立完成童装效果图绘制

第一节 童装效果图人物表现技法

一 儿童人体比例

童装效果图的绘制建立在标准的人体比例基础上。儿童在成长过程中头部变化不大，但四肢生长较快，并具有明显的规律，按照年龄划分，可分为婴儿（1岁以下）、幼儿（1～3岁）、小童（4～6岁）、中童（7～12岁）、大童（13～17岁）五类。本书的童装效果图绘制主要以幼儿、小童、中童、大童四类为主（图2-1）。

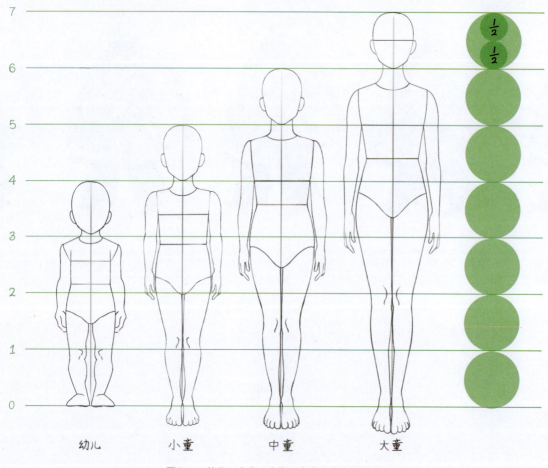

| 幼儿 | 小童 | 中童 | 大童 |

图2-1 幼儿、小童、中童、大童人体比例图示

二 童装效果图人物动态设计

儿童人体动态的绘制要注意各时期儿童的身体变化，幼儿时期儿童的体重和身高都在快速成长，体型特点是头大、颈部短、四肢短且胖、腹部圆润。处于学龄前期的小童体型特点是挺腰、凸肚、窄肩、胸腰臀围度相差不大。中童时期的孩子身体发育明显，女孩腰围开始比胸围要细，体型变得匀称起来，凸肚逐

渐消失，男女体型差异开始出现。大童时期的少年体型变化很快，女孩的胸、腰、臀围度比例开始增大。因此，在绘制童装人体动势时，要明确因身体扭转所发生的角度变化、身体的重心处、髋部与肩膀的倾斜角度等。在人体绘制的基础上，还要关注服装因身体扭转所带来的明暗关系绘制（图2-2~图2-4）。

图2-2 幼儿、小童人体动势绘制

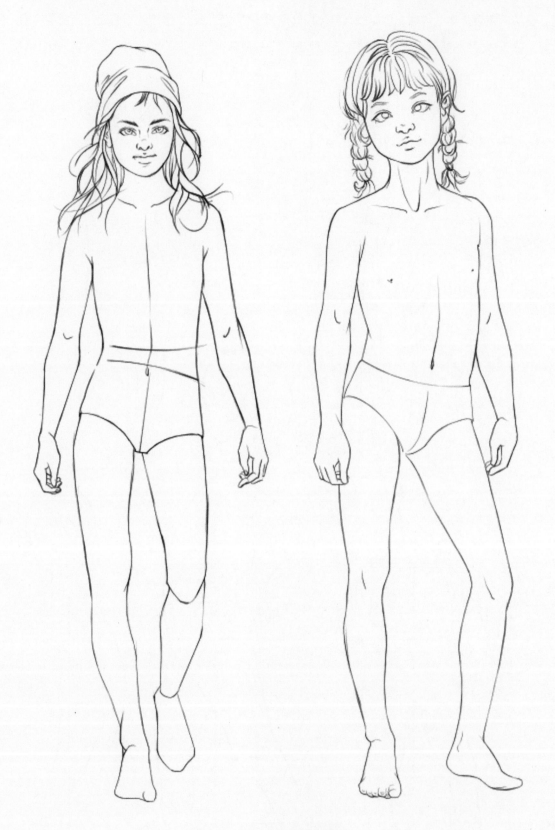

图2-3 中童、大童人体动势绘制1

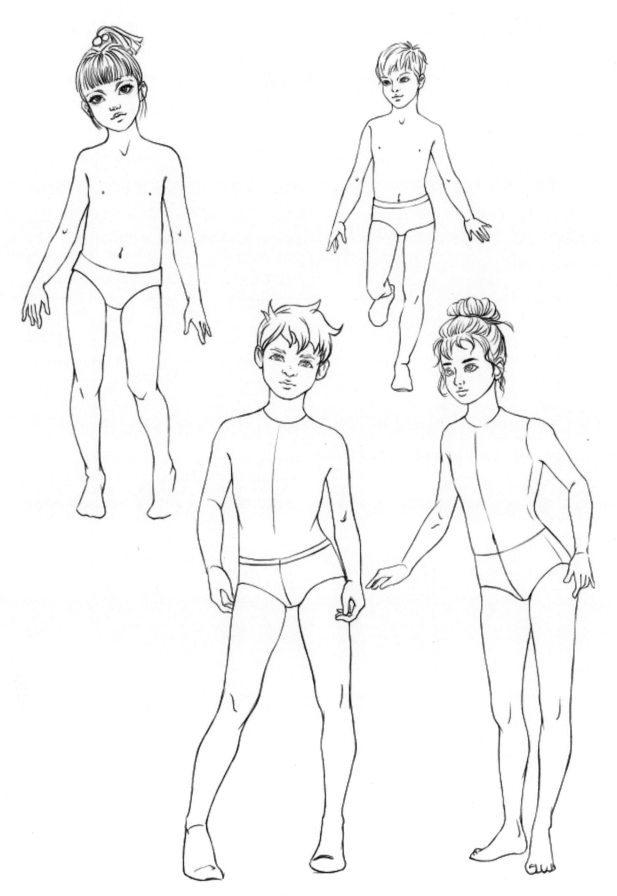

图2-4　中童、大童人体动势绘制2

三 儿童人物形象表现

儿童人物形象在系列童装效果图的创作中扮演着至关重要的角色。通过展现人物形象的独特特征，设计师能传达其创作理念，并将设计理念巧妙融合，从而赋予画面更加生动的视觉效果。

（一）头部绘制

头部的绘制首先要确定头部与五官的比例关系。儿童时期头部较圆，首先绘制一个圆形作为头部基础框架，横向取 1/2 处作为眼部水平线，纵向取 1/2 中间部分绘制下颚，按照"三停五眼"比例进行平分，确定五官位置，将下颌线与两侧头部线进行衔接，确定脸部弧线，在对童装头部大致比例进行确定后，进而完成细节绘制。在童装效果图绘制当中，可对人物头像进行简单处理，风格、比例正确即可，主要还是重点刻画服装细节（图2-5）。

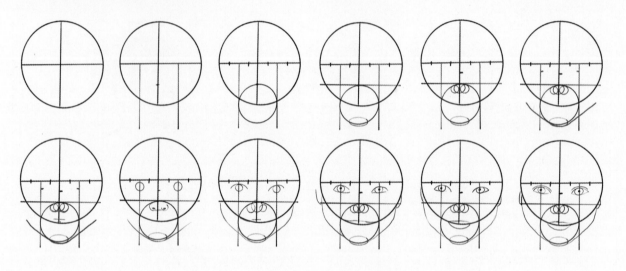

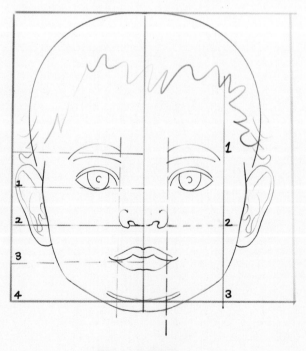

图2-5 脸部比例

在绘制童装效果图时，通常需要设计与服装风格协调一致的头像。例如，可爱风格的服装应搭配相应风格的可爱人物头像，而具有成人化设计的童装则应选择更显成熟的儿童头像，以此来塑造与服装风格相匹配的人物形象。在进行线稿绘制时，应细致描绘人物五官的光影效果，以增强画面的立体感（图2-6）。

图2-6　头部线稿的绘制

　　在人物头像线稿上色时，应依据服装的风格来协调肤色、发色以及装饰色彩，确保整体视觉效果的和谐统一，为了突出效果图的整体风格，应当选择合适的服饰配件进行搭配。如飞行帽、眼镜、发卡等，以增强画面的效果（图2-7）。

图2-7　头部色彩效果的绘制

（二）手部

　　将手掌看作梯形体块，手腕处窄、掌心宽，画出整个手部体块结构，根据姿态表现手部动态和透视效果，绘制手部外轮廓、关节褶皱等。儿童手部生长得较圆润，在绘制过程中要塑造出手部肉肉的感觉，骨节需弱化，手指整体短圆、指甲小，随着儿童的生长，手指变得细长，但也较成人的手指短。在刻画过程中，要着重关注手部褶皱的走向（图2-8）。

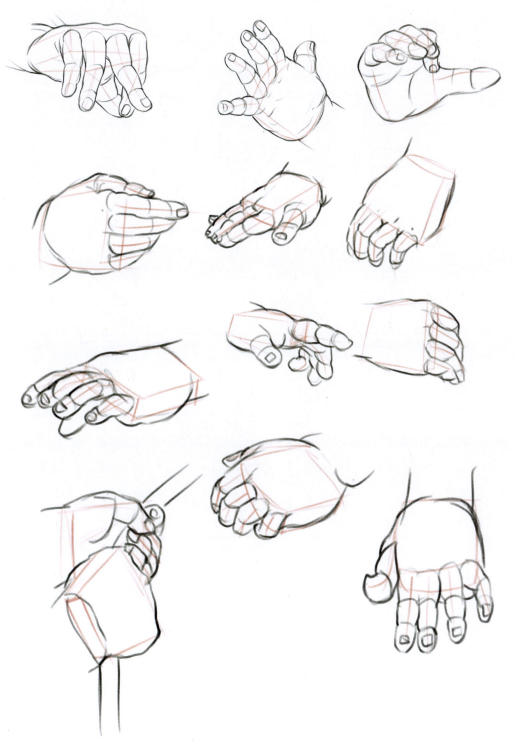

图2-8　手部梯形块的绘制

　　手部的动态灵活多变，在绘制中要关注手腕与手掌间的活动姿势、手指关节的角度把控。一般在童装效果图的绘制中，手部细节常简单描绘，绘制好大致轮廓即可（图2-9）。

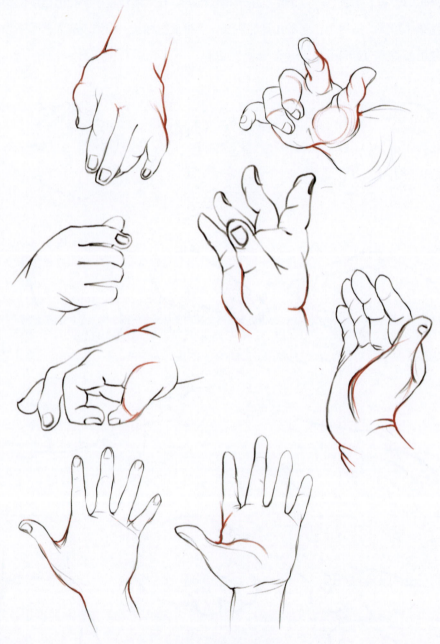

图2-9　手部的绘制效果

（三）脚部

　　儿童脚部的绘制，要关注骨骼的凸起的部位，五根脚趾不在同一水平线上，整体呈微弧状。将脚部分为脚踝、脚弓、脚掌、脚趾、脚跟五个部分，进行分块标记，强化脚部块面的立体感。其中，脚弓部分可以看作一个较高的三角形，脚踝两侧凸起明显，内高外低，内侧骨骼较大，活动时围绕着关节转动，脚趾高度从大脚趾到小脚趾依次递减（图2-10）。

　　儿童脚部绘制变化多样，主要依靠脚踝处的运动。从外侧看脚部，脚掌心底为直线；从内侧看脚部，脚掌心呈桥洞状。小童脚弓多肉，绘制时要注意凸起的幅度，随着儿童的成长，脚弓逐渐趋于成人，在童装效果图的绘制过程中，常在脚部外面绘制鞋子，可对脚部轮廓绘制进行多次训练，以便于进行鞋子的绘制（图2-11）。

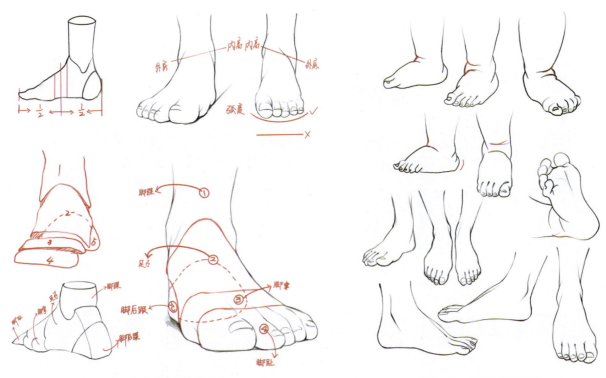

图2-10　脚部的基础绘制　　　　　　　　　　　　　　图2-11　脚部的绘制效果

第二节　童装效果图服装表现技法

一　童装效果图服装局部细节表现

（一）衣身局部细节绘制

童装衣身的局部细节，主要在于结构走向、衣褶走向、辅料设置、层次区分等方面（图2-12）。

（二）袖子的绘制

在绘制袖子时，要注意袖肘位置的曲线，小臂微微前倾，绘制出的袖子效果更符合人体手部动态，也更加美观。绘制袖克夫或袖子有分割线时，要注意层次的变化（图2-13）。

（三）领子的绘制

在绘制领子时，要注意里外层次与服装材质的变化，不同材质的面料所呈现的领子效果有所不同，在绘制好领子的轮廓后，可根据具体的面料进行填充，填充时要注意面料纹理的走向应与衣领的结构转折一致效果（图2-14）。

（四）口袋的绘制

在实际的服装款式中，口袋是缉缝在衣身上的，有一个里外的层次变化，在绘制时要呈现出来，否则会显得服装过平，不够立体。如图2-15所示是由6B铅笔笔刷绘制出的各式口袋。

图2-12　衣身局部细节绘制

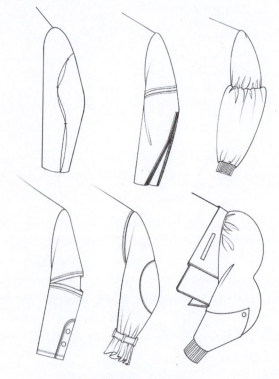

图2-13　袖子的绘制

图2-14　领子的绘制

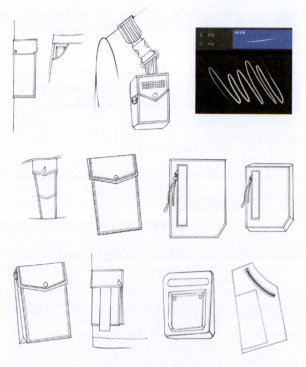

图2-15　口袋的绘制

二 \ 童装效果图服装面料肌理表现

面料是童装设计中诠释设计主题和体现服装风格的重要载体之一。在绘制过程中，面料的质感会影响童装设计的整体效果，因此多学习各种面料的处理方式尤为重要。

（一）面料贴图

面料贴图是一种较为直观的填充面料的方式，是将面料直接放置在服装当中，再进行处理，主要应用于需要直观看到的面料以及印花面料等。

1.牛仔面料

（1）填充颜色。在Procreate软件中导入线稿，图层调整为正片叠底模式，且线稿图层顺序为置顶状态，将线稿颜色填充为与牛仔面料相近颜色，此处参考色值为#94b7d1（图2-16）。

图2-16　牛仔面料服装贴图——填充颜色

（2）贴面料。导入牛仔面料，调整明度、饱和度后得到所需蓝色，将牛仔面料在服装款式中进行填充，此时牛仔面料的图层应调整为正片叠底模式（图2-17）。

图2-17　牛仔面料服装贴图——贴面料

（3）绘制阴影。在所有图层基础之上，新建图层做阴影，阴影图层调整为正片叠底模式，选择蓝色系中浅蓝灰色做阴影（切记不要出现过黑的阴影，需要营造透气感），根据裤子的褶皱走向进行阴影的绘制（图2-18）。

图2-18　牛仔面料服装贴图——绘制阴影

（4）绘制高光。在所有图层基础上，新建图层做高光，选择浅蓝色（切记不要出现过白的高光，需要营造透气感），提亮的部分最终目的是强调结构本身，所以提亮是在结构线的位置进行刻画（图2-19）。

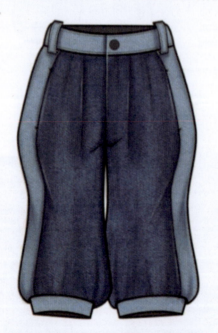

图2-19　牛仔面料服装贴图——绘制高光

2.蕾丝面料

为了更加准确地绘制蕾丝面料的细节特征，可直接将现有面料进行扫描，直接放在服装当中，再使用笔刷进行加重和提亮，塑造服装的立体感效果（图2-20、图2-21）。

图2-20 蕾丝面料服装贴图绘制过程

图2-21 蕾丝面料服装贴图——绘制阴影和高光

3.印花面料

绘制印花面料服装贴图时，首先对款式图局部进行填色，再将印花面料填充到服装的局部，最后使用笔刷表现高光及阴影的效果（图2-22）。

图2-22 印花面料服装贴图的绘制过程

（二）面料光泽感的绘制

在绘制有光泽感的面料时，要营造出光亮、平整的面料效果，常用明显的高光和阴影来凸显质感。

1.丝绸面料

在丝绸面料的绘制过程中，首先铺底色，再对浅色地方进行加重，留出高光位置。在处理丝绸面料的高光位置时，光泽面积大且都比较集中，边缘的过渡相对柔和，面料的流动性强，在人体凸起部位易形成包裹感，呈现高光效果（图2-23）。

图2-23　丝绸面料服装的绘制过程

2.镭射面料

由于镭射面料的特殊性，故首先对镭射面料进行色调处理，将面料导入Procreate软件，在【调整】工具内选择【色相、饱和度、亮度】进行调整，本款设计将色相调整为53%，饱和度35%。调整好面料后，置入服装款式当中，再根据服装款式的具体需求进行调整（图2-24、图2-25）。

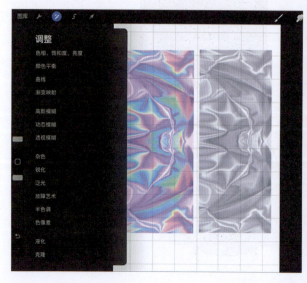
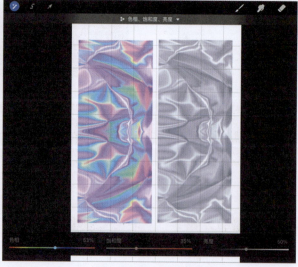

图2-24 镭射面料的处理过程

图2-25 镭射面料服装的绘制过程

3.羽绒面料

在绘制羽绒面料时，首先选择6B铅笔笔刷画出服装的轮廓，线条要干净、利落（图2-26）。

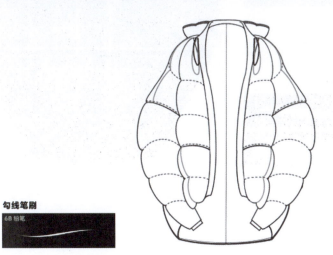

图2-26 羽绒面料服装线稿绘制过程

然后选取服装颜色，里层颜色较深，要大面积平涂，为塑造羽绒面料立体感做准备（图2-27）。

图2-27 羽绒面料服装上色效果

在对羽绒面料进行处理的过程中，因羽绒服夹层有填充物，故要注意表现出羽绒面料的体积感，可以先简单通过涂抹笔刷对阴影和高光进行处理（图2-28）。

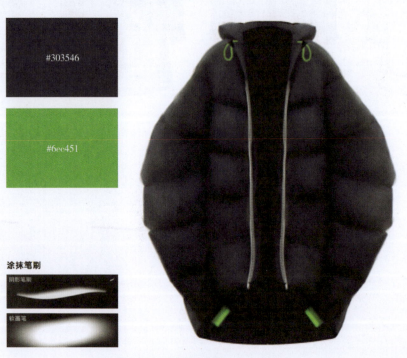

图2-28 羽绒面料服装立体处理效果

在此基础上对服装褶皱进行处理，绘制褶皱时要让四周都变得立体起来，可以成组地绘制褶皱，这样看起来更有视觉完整性，绘制过程中表现出立体感即可，不要太琐碎（图2-29）。

图2-29 羽绒面料服装最终效果

4.亮片面料

绘制亮片面料服装时，首先绘制设计线稿，大面积进行铺色，加重阴影及高光部分，大致成型后开始绘制亮部区域面料。先选择亮部的基础颜色，模拟亮部的结构绘制点状肌理，再使用笔刷添加高饱和度杂色，绘制白色高光，完善亮部区域的光泽质感（图2-30）。

图2-30 亮片面料服装的绘制过程

（三）透明面料绘制

1.纱质面料

在绘制纱质面料的服装时，首先选取浅色进行铺底，再对褶皱进行加重。绘制时需要明确褶皱的走向，绘制细节时需根据明暗关系来营造纱质面料的透气感（图2-31）。

图2-31　纱质面料服装的绘制过程

2.聚氯乙烯（PVC）面料

对设计线稿进行大面积铺色，加重阴影及高光部分，在此基础上开始增加PVC面料的质感，使用笔刷吸取白色，在面料褶皱处绘制线状高光，塑造面料的透气性，再吸取浅灰、深灰色绘制高光阴影部分，使面料看起来更有硬度及厚度（图2-32）。

图2-32　PVC面料服装的绘制过程

（四）面料肌理感的绘制

以毛呢面料为例，由于毛呢面料的特殊性，在绘制毛呢材质的时候，外轮廓线往往会选用与服装面料颜色相比较深的同色进行绘制。在对面料进行处理的过程中，要使用【涂抹】工具对服装内部褶皱进行涂抹融合，将褶皱与阴影部分融合到一起（图2-33）。

#ac693c

图2-33 毛呢面料服装的绘制过程

（五）特殊肌理面料绘制

以针织面料为例，在绘制针织面料时，要通过线条的粗细来对整体效果进行把控，注意区分线条的主次关系（图2-34）。

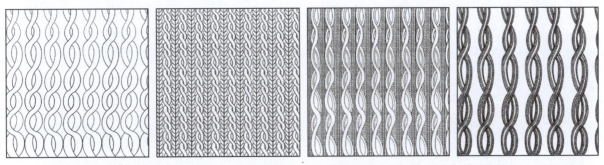

图2-34 针织面料的绘制

首先通过笔刷勾勒出线稿，在绘制线稿时要将纹理的叠压关系表达清楚，再整体进行底色平涂，使用笔刷沿着边缘晕染深色阴影部分，加深明暗关系，最后使用细线勾勒针织面料的肌理（图2-35、图2-36）。

#fcf33a

图2-35 针织面料服装的绘制过程

图2-36 针织面料服装最终绘制效果

三　童装效果图服装配饰搭配

（一）鞋子

鞋子在童装效果图中是必不可少的配饰，不同的服装风格需要搭配相应的鞋子，以追求整体效果的统一（图2-37）。

图2-37　各种鞋子的绘制

（二）包

包在童装效果图的绘制中也非常重要，既能使人物的动态更加丰富自然，也能丰富整体画面，在绘制过程中，要注重绘制角度与包本身的层次关系（图2-38）。

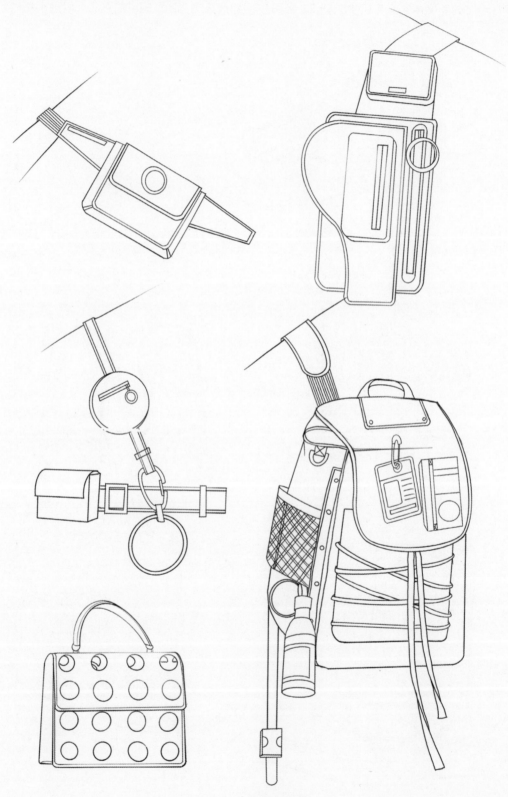

图2-38 各种包的绘制

（三）帽子

帽子在绘制过程中要注意与人体的衔接角度和位置，以及随人体动势而产生的变化（图2-39）。

图2-39 各种帽子的绘制

四 \ 常见衣纹规律

在童装效果图的绘制过程中，为突出服装的层次感，会选择对服装局部进行高光及阴影的绘制，但其绘制方法与位置需要仔细思考。可针对一个角度的光源照射，将服装区分出亮面与暗面，根据服装衣纹走向进行详细描绘（图2-40）。

图2-40 服装衣纹绘制效果

五 \ 局部褶皱设计

　　褶皱形态常用于表现衣裙下摆、领口和袖口的位置，可以依据服装结构和装饰的形式出现。在绘制童装的局部褶皱时，要考虑服装褶皱的褶量、长度和缝合线的形态，它们决定了面料垂落的状态，还须考虑服装面料的材质，其决定了褶皱的起翘程度。如图2-41～图2-44所示，分别对袖子、衣领、衣身的褶皱进行绘制。

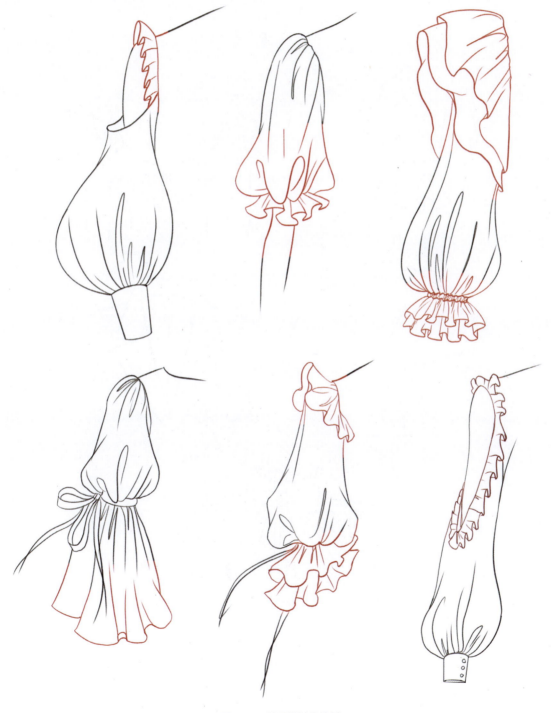

图2-41　袖子褶皱的绘制

图2-42　衣领褶皱的绘制

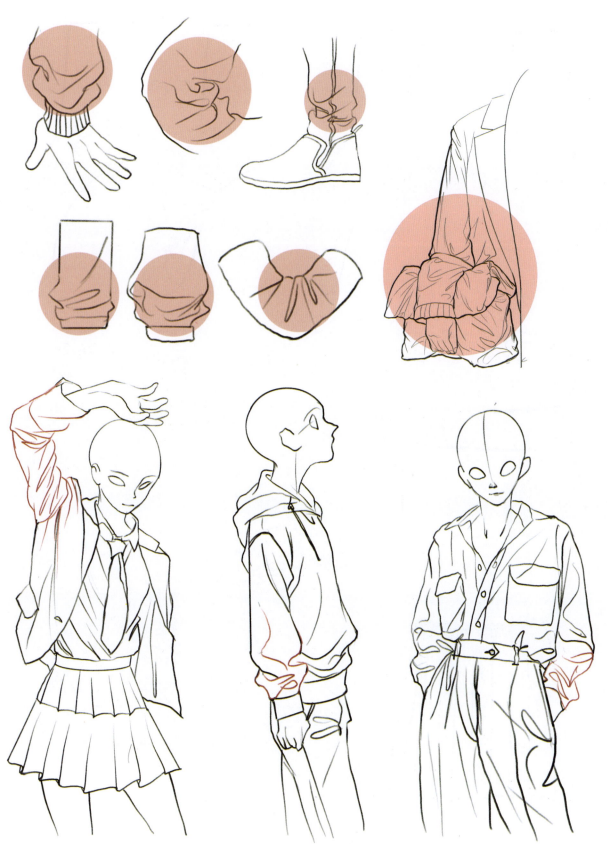

图2-43 衣身褶皱的绘制

图2-44　衣身边缘褶皱的绘制

第三节 童装效果图绘制过程

在童装效果图的绘制过程中，主要包括对童装设计草图、童装设计线稿、童装设计阴影稿、童装面料填充稿、童装颜色填充稿、童装图案设计稿、童装高光和阴影的绘制、童装款式图这八个部分的绘制，下文将依次进行展开讲解。

一 女童装设计的绘制过程

（一）女童装设计草图

在Procreate软件中，因为铅笔笔刷绘制出的线条层次感强，所以通常使用铅笔笔刷绘制设计草图（图2-45）。

图2-45 选取铅笔笔刷

如图2-46、图2-47所示，初期绘制时，会出现无法把控人体比例的情况，可以选择一个合适的人体姿势，将其不透明度降低，可用于辅助绘制人体，在其基础上绘制人体头部及童装基础款式（图2-46、图2-47）。

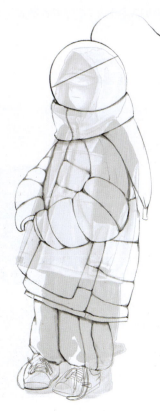

图2-46 选取人体姿势　　　　　图2-47 女童装草图绘制

（二）女童装设计线稿

根据设计草图，隐藏人体模板，确定服装线条，完善分割线与局部细节（图2-48）。

图2-48　女童装服装线稿绘制

（三）女童装设计阴影稿

使用阴影笔刷加深线稿，尤其是在面料交汇处、褶皱处等地方，强调服装的立体感（图2-49）。

图2-49　女童装服装阴影绘制

（四）女童装面料填充稿

在设计稿上绘制针织罗纹袖口、明缝纫线等面料的细节部分，在本款服装款式设计中，上衣的口袋和裤子都要绘制出针织效果。绘制口袋部分的面料时，选使用铅笔工具绘制出一块面料小样，再通过复制的方法将平针与麻花针相结合进行排列组合（图2-50）。

图2-50 女童装针织面料绘制

绘制裤子面料时，直接使用笔刷根据裤子面料走向进行绘制即可（图2-51）。

图2-51 女童装裤子面料细节绘制

（五）女童装颜色填充稿

根据设计稿主题，结合当下流行趋势，选取合适的颜色进行调试（图2-52）。

图2-52 女童装颜色填充稿

（六）女童装图案设计稿

根据设计稿主题，进行图案设计。本款童装设计主题灵感源于儿童创意插画（图2-53）。

图2-53　女童装主题灵感——儿童创意插画

根据主题灵感来源，提取图案素材（图2-54、图2-55）。

图2-54　女童装线性提取　　　　　　　　　　图2-55　女童装面性提取

对图案素材进行配色，此处图案的色彩选择与填充的服装颜色要统一（图2-56）。

图2-56　女童装图案填色

调整后的设计稿效果（图2-57）。

填充面料后效果（图2-58）。

图2-57 女童装设计稿最终配色效果

图2-58 女童装填充面料后效果

（七）女童装高光和阴影的绘制

童装高光和阴影绘制时笔刷的走向如图2-59所示。

结合阴影和高光笔刷，对服装面料进行处理（图2-60）。

图2-59 女童装笔刷走向

图2-60 女童装阴影效果

加入高光效果（图2-61）。

加入投影效果（图2-62）。

图2-61 女童装高光效果

图2-62 女童装投影效果

（八）女童装款式图

根据最终效果图，绘制童装款式图，服装的轮廓线条、缝纫线迹、明线线条、褶皱线条等粗细都不相同，服装的款式效果才能呈现得更加清晰（图2-63）。

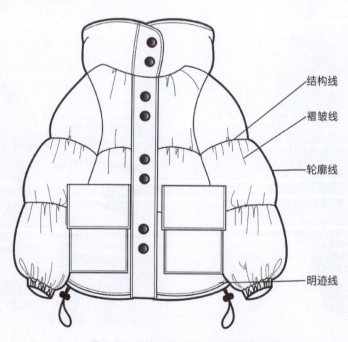

结构线

褶皱线

轮廓线

明迹线

图2-63 女童装款式图——绘制线条粗细

本款童装款式图最终效果如图2-64所示。

（1）外套：羽绒服设计，帽子为"巫师帽"，分割线在帽底，袖口使用针织罗纹进行收口，下摆使用绑带进行收口，口袋结构清晰可见。

（2）内搭：此款内搭在效果图设计中并不能看出来是什么结构，所以款式图的绘制就变得至关重要。根据设计，可以看出内搭下摆是不规则的并与罗纹针织面料进行拼接，下摆展开一定的量形成微褶皱，领口也进行抽褶处理。

（3）裤子：裤子自侧缝进行分割，口袋设在分割线上，前、后裤片有省道，前裤片还设有一些碎褶。

图2-64　女童装款式图绘制

二　男童装设计的绘制过程

（一）男童装设计草图

在Procreate软件中，使用铅笔笔刷绘制男童装设计草图（图2-65）。

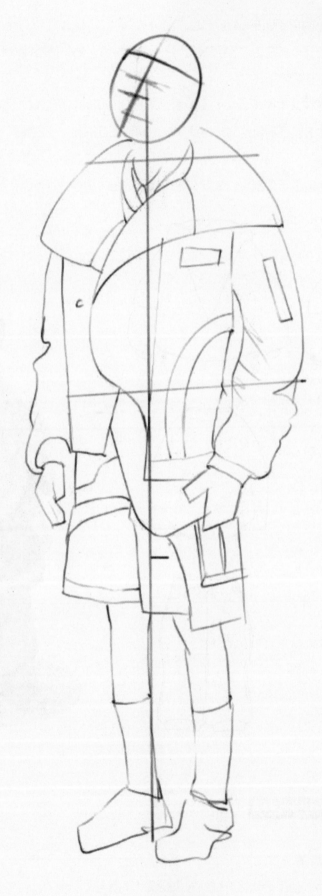

图2-65 男童装草图绘制

（二）男童装设计线稿（图2-66）

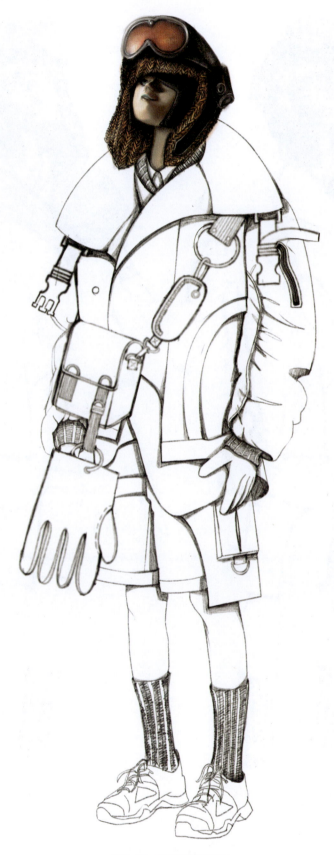

图2-66　男童装线稿绘制

（三）男童装设计阴影稿（图2-67）

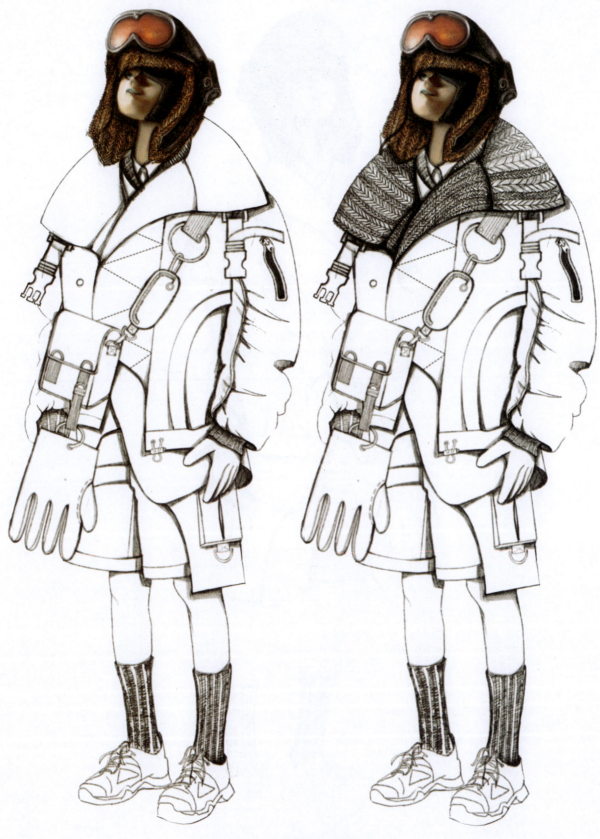

图2-67 男童装线稿肌理绘制

（四）男童装颜色填充稿（图2-68）

#e69141

#3f3f3f

#4d506e

#21222f

图2-68　男童装颜色填充

（五）男童装面料填充稿（图2-69）

图2-69 男童装面料填充

（六）男童装图案设计稿（图2-70、图2-71）

图2-70 男童装图案填充

图2-71 男童装填充面料、图案后效果

（七）男童装高光和阴影的绘制

此款男童装绘制中的高光，选取了同色系中的浅色进行绘制处理，并降低其不透明度（图2-72）。

亮面颜色1：#dde0ff

亮面颜色2：#ffe5ce

图2-72 男童装高光和阴影绘制效果

男童装最终效果图如图2-73所示。

图2-73　男童装最终效果图

（八）男童装款式图

　　此款男童装款式图与女童装款式图所展示的不同工艺细节标注在图中，并不是单独标注在旁边，这样更加清晰明了，通过线条的指引，能更直观地看出各处的结构与细节。在标注时要注意线条不要与款式图内线条粗细度冲突，以防出现误差，一般都是较款式图线条更细一些，标注位置要准确，文字需要更加准确、简洁，用几个字就能准确表述各处工艺结构（图2-74）。

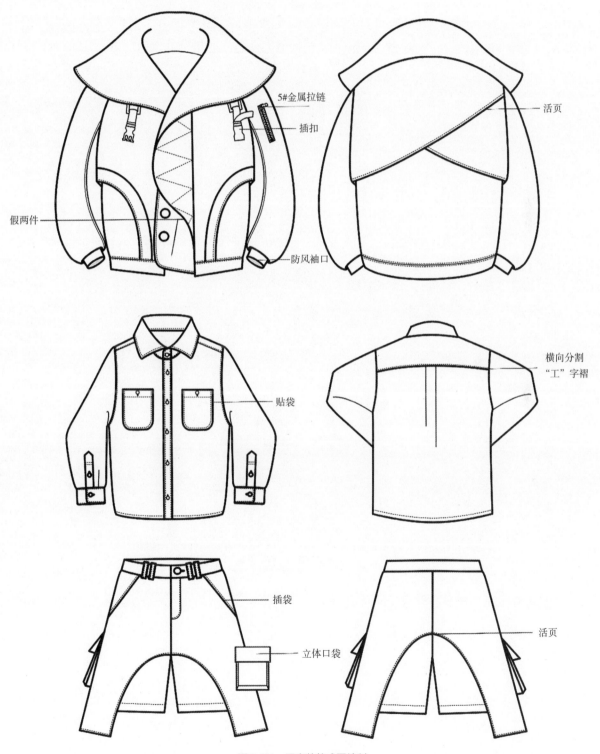

图2-74　男童装款式图绘制

第三章
系列童装作品构思与表现

课题名称： 系列童装作品构思与表现

课题内容：

1. 整齐式构图

2. 错位式构图

3. 残缺式构图

4. 主体式构图

课题时间： 8课时

教学目标：

1. 了解童装效果图的构图方式

2. 掌握童装效果图的构图技巧

3. 通过学习能独立完成系列效果图绘制

教学方式： 实践实操、案例讲解、多媒体演示

实践任务： 绘制完成5套童装效果图，根据课程内

容完成效果图构图，要求：

1. 通过案例分析，掌握构图技巧

2. 能根据所讲内容，找出与自身效果图相适配的构

图方法，并应用到效果图中

通过前章的学习已经了解了童装基础绘制的原理，本章将具体讲述如何进行系列童装绘制。在进行系列主题设计前，往往要先对童装领域最新流行趋势进行调研，了解最新的流行主题、流行款式、流行色彩、流行面料、流行图案等，搜集各类相关素材。

根据以上素材，绘制系列童装设计草图，根据草图进行调整，完善童装设计线稿并调整画面明暗关系，基础线稿绘制完成后，填充童装面料并刻画服装细节，最后调整画面高光与阴影区域，完善细节，循序渐进地完成一系列的童装设计。

在系列童装设计中，最重要的是童装效果图，在该设计版面的构图中，有以下四种形式可以参考：

（1）整齐式构图。系列童装画面整齐、排列不分主次，视觉效果较为直接，具有一定的整齐性，视觉效果清晰。

（2）错位式构图。将整体进行上下左右错位排列，整齐中带有变化。

（3）残缺式构图。将部分内容进行隐藏或破坏，使画面整体形成一种不完整的感觉。

（4）主体式构图。将系列童装中的个别款进行一些特殊设计，如放大、增加投影等，以此来突出整幅画面的设计主体。

第一节　整齐式构图

一　《雪径川行》（第27届"润华奖"服装设计大赛铜奖、最具商业价值奖）——作者：李彩瑶

1. 灵感版

《雪径川行》灵感源于"雪山冰川"，以雪山冰川纹理勾勒雪山冰川之境，以图案的方式展现儿童眼中的冰川景观，如图3-1所示。

灵感来源：
雪径川行的主题下，以雪山、云雾、蓝冰、净湖，构成一幅空灵的雪山之境。眺望着对面的雪山，感受到一切山河无恙，静谧踪绝。在远离城市喧嚣，前往雪山途中，看到所有的一切，共同谱成了生命永恒、万物统一的旋律。

图3-1 《雪径川行》灵感版

2.色彩版

冰川蓝给人冰冷感，是自然界冰川环境的色彩之一，楔木蓝的一丝温暖氛围，化解了冰川的清冷感。同类色的明度与纯度对比，也给人共生共融的整体感，如图3-2所示。

雪径川行主题下，以最具代表性的经典黑与冰川蓝为主要色彩，2023年这个阶段较流行经典黑，提取经典黑流行色，将深浅不一的冰川蓝融入其中，和谐又不单调，且更具有层次感，在点明主题的同时，蓝色也象征着宁静深邃，平和与温柔。

图3-2 《雪径川行》色彩版

3.廓型版

《雪径川行》以龟背结构为主要廓型，适用于户外运动时穿着，也可以在日常生活中穿着，以保暖、舒适为主。运用多功能口袋设计方式，为羽绒服提供更多的储物空间，既增加了视觉效果，起到装饰作用，也提高了儿童游玩时的安全性，既丰富了廓型，也增添了趣味性，如图3-3所示。

廓型说明：
以龟背结构为主要廓型，适用于户外运动时穿着，也可以在日常生活中穿着，以保暖舒适为主。运用多功能口袋设计方式，为羽绒服提供更多的储物空间，既增加了视觉效果，起到装饰作用，也提高了儿童游玩时的安全性，既丰富了廓型，也增添了趣味性。

图3-3 《雪径川行》廓型版

4.面料细节

在服装设计中，面辅料的选配尤为重要。在《雪径川行》系列设计中，主面料以科技光感皮革为主进行设计，皮质面料有着保暖、防水的多重功能，这也进一步提升了本系列产品的价值属性。选择不同纹理的皮质面料进行组合拼接，如小光圈光感皮革、竖纹皮革、麻花纡缝哑光皮革、斜纹光感皮革等不同材质来贯穿《雪径川行》设计思路。在里料的选择上采用新型蜂窝图案效果的石墨烯面料，颜色贴合蓝色主题色彩，与衣身形成呼应，如图3-4所示。

面料细节

在服装设计中，面辅料的选配尤为重要。在《雪径川行》系列设计中，主面料以科技光感皮革为主进行设计，皮质面料有着保暖、防水的多重功能，这也进一步提升了本系列产品的价值属性。选择不同纹理的皮质面料进行组合拼接，如小光圈光感皮革、竖纹皮革、麻花纡缝哑光皮革、斜纹光感皮革等不同材质来贯穿《雪径川行》设计思路。在里料的选择上采用新型蜂窝图案效果的石墨烯面料，颜色贴合蓝色主题色彩，与衣身形成呼应。

图3-4 《雪径川行》面料、配饰细节

5.线稿绘制

《雪径川行》依据思路来源进行创作延伸、发散思维，拓展儿童羽绒服款式设计。既要选取符合本系列主题的廓型组合，也要多方面体现童真趣味性，如图3-5所示。

图3-5 《雪径川行》线稿绘制

6.图案绘制、填充面料、图案及颜色

《雪径川行》图案灵感源于雪山叠影、净湖冰流等自然景观，运用雪山山脉的线条感，以丰富的笔触

展现山川重峦，进而多角度呈现雪域风光。以白虎为视角，深入雪山之巅，探索冰川的绮丽风光作为设计理念。色彩上以冰河蓝、经典白相结合作为主色调，在白虎上点缀几何图形，丰富白虎造型，多色彩互相融合互相碰撞。

（1）图案绘制过程，如图3-6所示。

图3-6　《雪径川行》图案绘制过程

（2）填充面料、图案效果如图3-7所示。

图3-7　《雪径川行》填充面料、图案

（3）填充颜色效果如图3-8所示。

图3-8　《雪径川行》填充颜色

7.明暗关系处理

（1）阴影处理效果如图3-9所示。

图3-9 《雪径川行》阴影处理

（2）高光处理效果如图3-10所示。通过阴影强化效果图，完善服装的面料质感，根据服装光影效果进行高光处理。

图3-10 《雪径川行》高光处理

8.整体效果调整（图3-11）

2023第27届"润华奖"服装设计大赛

图3-11 《雪径川行》整体效果调整

9.效果图构图分析（图3-12）

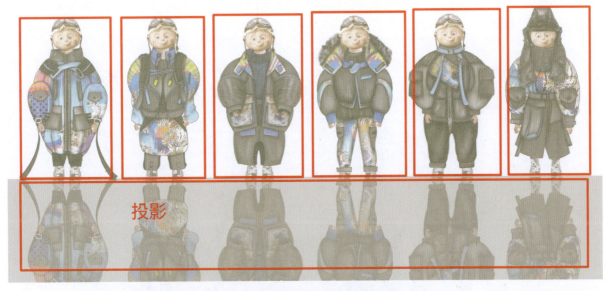

图3-12 《雪径川行》效果图构图分析

10.款式图绘制（图3-13）

图3-13 《雪径川行》款式图绘制

二 《藻泽回梦》（江西服装学院2024届优秀毕业设计）——作者：侯翔卿、刘明慧

1.主题趋势版

《藻泽回梦》灵感源于海藻，由于海洋不断受到污染和破坏，海藻也随之发生了变化。本系列设计以探索海洋污染前后海藻的生长变化和现象展开创作。主要采用针织工艺，形成多样结构体系的肌理效果，如图3-14所示。

图3-14 《藻泽回梦》主题趋势版

2.色彩趋势版（图3-15）

图3-15 《藻泽回梦》色彩趋势版

3.面料、工艺分析（图3-16）

《藻泽回梦》的面料主要以绿色、棕色为主，用于模拟海藻因海水污染形成赤潮现象。在面料的选择上，以针织为主，将罗纹、绞花、镂空、四平组织等不同的针织工艺结合，通过针织面料的立体感，惟妙惟肖地模拟海藻在海水污染下的生长状态。

图3-16 《藻泽回梦》面料、工艺分析

4.服装细节提取（图3-17）

（1）立体装饰：多种袋型装饰、立体袋型等设计在服装上可强化视觉效果，也能兼顾设计感与功能性。

（2）抽绳设计：猪鼻扣和抽绳，为裤型和衣身增加更多自由度。

（3）针织设计：针织和钩编的设计为服装增添了一些设计感和灵动感。

图3-17 《藻泽回梦》服装细节提取

5.款式趋势（图3-18）

《藻泽回梦》廓型主要以O型和H型为主，使人穿着更加舒适，活动自如，没有束缚感。

图3-18 《藻泽回梦》款式趋势

6.线稿绘制（图3-19）

图3-19 《藻泽回梦》线稿绘制

7.填充颜色（图3-20）

图3-20　《藻泽回梦》填充颜色

8.填充图案（图3-21）

图3-21　《藻泽回梦》填充图案

9.明暗关系处理（图3-22）

图3-22 《藻泽回梦》明暗关系处理

10.整体效果调整（图3-23）

图3-23 《藻泽回梦》整体效果调整

11.效果图构图分析（图3-24）

图3-24　《藻泽回梦》效果图构图分析

12.款式图（图3-25）

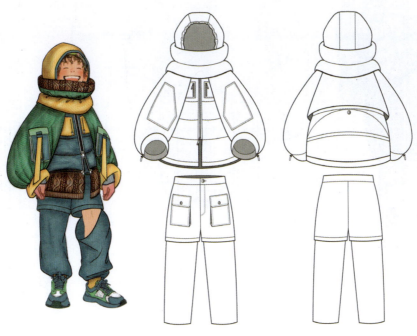

图3-25

图3-25 《藻泽回梦》款式图

三 《赤子之星》（2023首届"庐山杯"儿童羽绒服设计大赛入围奖）——作者：刘明慧

1. 灵感版

《赤子之星》系列灵感源于羌族羊角纹，提取羊角纹进行图案设计，运用在服装的各个部位。同时由岩羊攀爬悬崖联想到地形图，而地形图将通过面料再造来表现，如图3-26所示。

图3-26 《赤子之星》灵感版

2. 色彩版

《赤子之星》整个系列在色彩中以极光红为主，朱墨黑色、银白色为辅助色，金橘黄作为点缀，如图3-27所示。

图3-27 《赤子之星》色彩版

3.廓型版

《赤子之星》廓型以O型、H型为主，款式做中、长、短款品类设计。面料采用防寒保暖型面料，遵循可持续环保理念，如图3-28所示。

图3-28 《赤子之星》廓型版

4.面料及工艺版

《赤子之星》面料以羽绒面料为主进行设计做，假两件多功能款式，工艺上用挑花工艺、新型绗缝工艺，以针织面料的立体肌理为主进行面料表现，如图3-29所示。

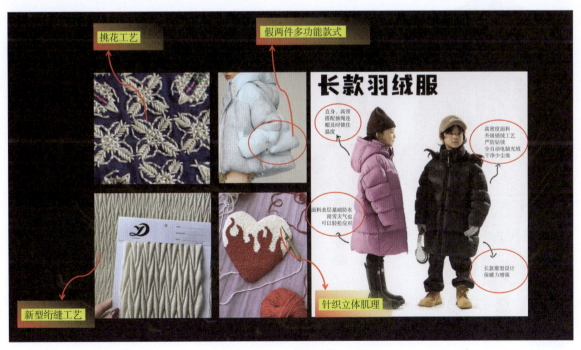

图3-29 《赤子之星》面料及工艺版

5.线稿绘制（图3-30）

图3-30 《赤子之星》线稿绘制

6.填充颜色、图案（图3-31、图3-32）

#ebebeb　　#2f3c3b　　#07262d　　#ecc759　　#bb4234

图3-31 《赤子之星》填充颜色

图3-32 《赤子之星》填充图案

7.明暗关系处理（图3-33）

图3-33 《赤子之星》明暗关系处理

8.高光处理（图3-34）

图3-34 《赤子之星》高光处理

9.整体效果图调整（图3-35）

图3-35 《赤子之星》整体效果图调整

10.效果图构图分析（图3-36）

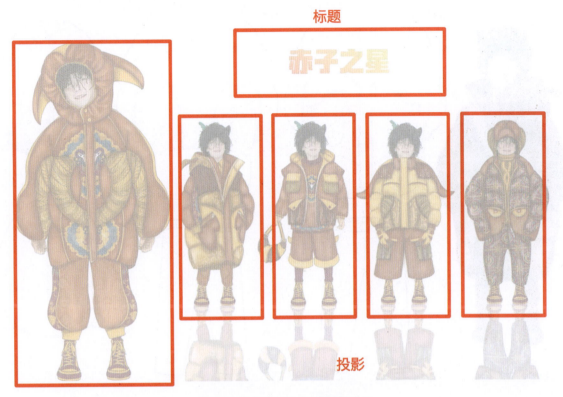

标题

投影

图3-36 《赤子之星》效果图构图分析

11.《赤子之星》款式图展示（图3-37）

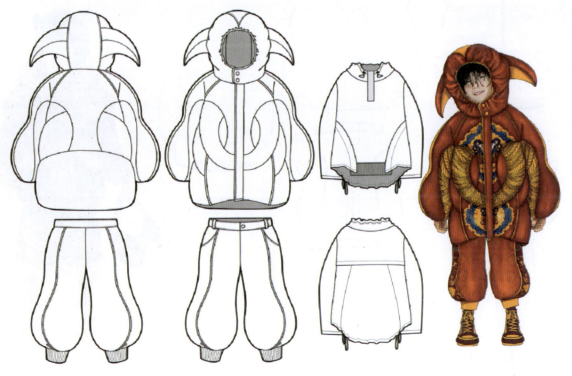

图3-37

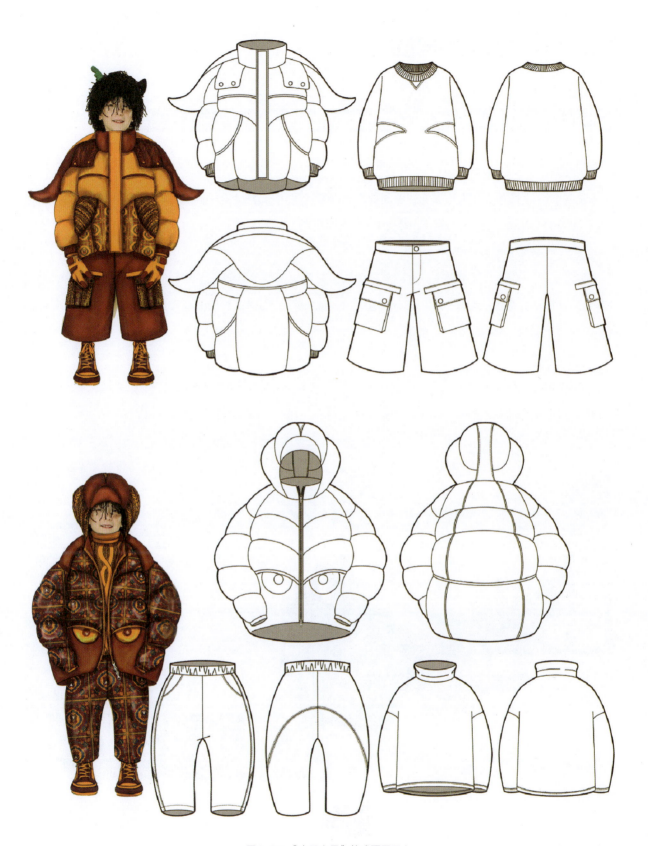

图3-37 《赤子之星》款式图展示

第二节　错位式构图

一 \《繁花》（第一届"千禧"杯服装设计大赛优秀奖）——作者：周玉琪

1.灵感版

《繁花》设计灵感为：花儿本无意撩动春雨，却惹大珠小珠跳入怀，便立刻羞得满面绯红，抵不过这春雨一缕柔情。花香浓郁，世间所有美好也与你不期而遇，如图3-38所示。

2.主题色彩图案趋势分析

《繁花》设计主题为山河繁花，提取卡布里蓝、普鲁士蓝和薄雾黄为主色系延展开来，展现浓郁的生机活力，仿佛让人置身于大自然中，唤起对自然生活的向往。面料以针织面料和尼龙面料拼接，使服装更具立体感和肌理感，颇有时尚性，如图3-39所示。

3.廓型与款式

O型廓型重点在于腰部，通过对腰部夸大、肩部适体、下摆收紧，使服装整体视觉呈现饱满、圆润的O型观感。O型服装具有休闲、舒适、随意的造型效果，充满轻松时髦的气息，如图3-40所示。

花儿本无意撩动春雨，却惹大珠小珠跳入怀，便立刻羞得满面绯红、抵不过这春雨一缕柔情。花香浓郁、世间所有美好也与你不期而遇。

图3-38 《繁花》灵感版

主题为山河繁花，提取卡布里蓝、普鲁士蓝和薄雾黄为主色系延展开来，展现浓郁的生机活力，仿佛让人置身于大自然中，唤起对自然生活的向往。面料以针织面料与尼龙面料拼接，使服装更具立体感和肌理感，颇有时尚性。

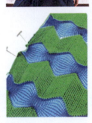

图3-39 《繁花》主题色彩图案趋势分析

O型廓型重点在于腰部，通过对腰部夸大、肩部适体、下摆收紧，整体视觉感受是饱满、圆润的O型观感。O型服装具有休闲、舒适、随意的造型效果，充满轻松时髦的气息。

图3-40 《繁花》廓型与款式

4.线稿绘制（图3-41）

图3-41 《繁花》线稿绘制

5.针织肌理的绘制

在线稿的基础上，确定针织肌理的区域并进行绘制（图3-42）。

图3-42 《繁花》针织肌理的绘制

6.配色处理（图3-43）

图3-43 《繁花》配色处理

7.图案及面料填充（图3-44）

图3-44 《繁花》图案及面料填充

8.最终效果（图3-45）

图3-45 《繁花》最终效果

9.效果图构图（图3-46）

图3-46 《繁花》效果图构图

10. 款式图（图3-47）

图3-47

图3-47

图3-47　《繁花》款式图

二 《玩具探险家》（2024第二届中国望江时尚童装设计大赛优秀奖）——作者：蒋於倩

1.灵感版

《玩具探险家》的设计灵感为：通过服装满足儿童审美与喜好。同时也是对儿童天真烂漫、自由纯真的映射，灵感源于各种玩具，儿童在2～7岁时会认为"万物皆有灵"，如图3-48所示。

图3-48 《玩具探险家》灵感版

2.色彩版

《玩具探险家》系列色彩以嘉陵水绿色为主基调，搭配青莲紫与活力橙等辅助色，整体色彩明度较高，绿色展现儿童的活力，紫色增加梦幻的感觉，搭配亮橙色整体色调对比明显，新奇亮眼。如同玩具一般，色彩艳丽，色调和谐又独特，如图3-49所示。

色彩版

系列色彩以嘉陵水绿为主基调，搭配青莲紫与活力橙等辅助色，整体色彩明度较高，绿色展现儿童的活力，紫色增加梦幻的感觉，搭配亮橙色整体色调对比明显，新奇亮眼。如同玩具一般，色彩艳丽，色调和谐又独特。

| #DD7219 | #C34A15 | #7FB98C | #39684D | #8468BE |

图3-49 《玩具探险家》色彩版

3.线稿绘制（图3-50）

图3-50 《玩具探险家》线稿绘制

4.填充颜色及图案（图3-51、图3-52）

#fecb92	#ceead4	#e0b8e8	#f59263	#fff3c3	#92c6c7

图3-51 《玩具探险家》填充颜色

图3-52 《玩具探险家》填充图案

5.明暗关系处理（图3-53）

图3-53 《玩具探险家》明暗关系处理

6.整体效果调整（图3-54）

图3-54 《玩具探险家》整体效果调整

7.款式图（图3-55）

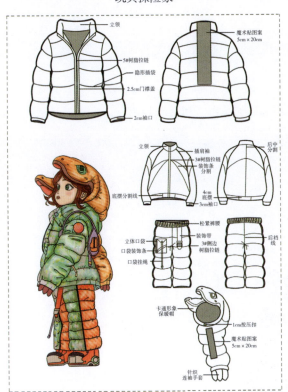

图3-55

玩具探险家

玩具探险家

图3-55 《玩具探险家》款式图

第三节 残缺式构图

本节以《世界上的另一个我》（作者：孙巧格）为例，介绍残缺式构图的系列童装作品构思与表现方法。

每个人都会有烦恼，情绪也是多面的，《世界上的另一个我》设计思路油然而生。本作品为第九届中国（虎门）国际童装网上设计大赛金奖、最佳网络人气奖。

1.灵感版（图3-56）

图3-56 《世界上的另一个我》灵感版

2.面料趋势及工艺细节分析（图3-57）

图3-57 《世界上的另一个我》面料趋势及工艺细节分析

3.趋势分析（图3-58）

图3-58 《世界上的另一个我》趋势分析

4.色彩趋势及图案设计（图3-59）

· 色彩趋势及图案设计

世界上的另一个我

PANTONE 403C

PANTONE 404C

PANTONE 405C

PANTONE BlackC

PANTONE 406C

色彩选用高级灰色系，虽然儿童的色彩搭配往往以亮色为主，但考虑到实际应用，还是选取灰色系作为本系列的设计色彩，不同的面料质感搭配经典色系可以使服装更显高级。

图3-59 《世界上的另一个我》色彩趋势及图案设计

5.线稿绘制

首先进行画面整体构图，此系列画面遵循近大远小、前实后虚原则，在Procreate软件中使用【笔刷】中的【铅笔】工具，对童装设计草图进行绘制，要注意不同年龄段儿童的头身比例关系。在此系列人物姿势的绘制中，打破了常规站姿的画法，以不同角度的侧面展示进行绘制。因人体转动导致服装产生的褶皱与明暗关系也要详细刻画，使整体画面视觉效果更加丰富。可先简单勾勒出服装的整体轮廓线、分割线，然后对主要轮廓线、褶皱进行加深，形成层次效果。

在绘制童装效果图人物头像时，可以设计出俏皮的头像，以插画的形式进行提取，所绘制出的头像其神态、姿势应更加贴合服装整体效果，更好地营造出系列主题童装整体的氛围感（图3-60）。

6.明暗关系处理

对线稿进行明暗关系的处理时，选取一个相同色调但颜色较深的色彩对服装转折处的暗部进行阴影效果处理，一定要避免使用纯黑色，其会导致画面过于死板。与此同时，可以在效果图中填入部分肌理面料，呈现出立体效果（图3-61）。

图3-60 《世界上的另一个我》线稿绘制

图3-61 《世界上的另一个我》明暗关系处理

7. 图案设计与图案填充

根据设计主题提取相应元素，通过平移或旋转等方式对设计元素进行二次创作，可以调整图案的不透明度对面料进行处理，不同的不透明度所呈现的效果有所不同（图3-62）。

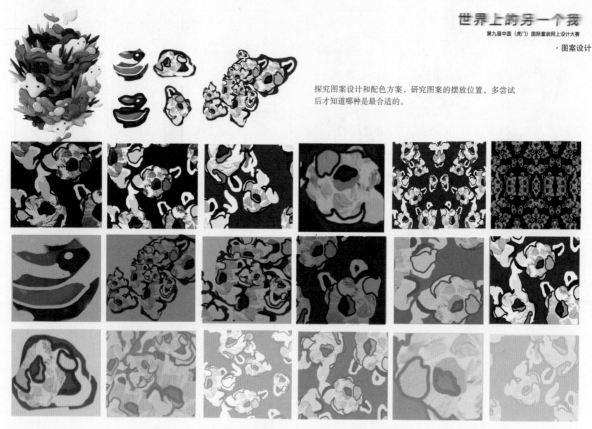

世界上的另一个我
第九届中国（虎门）国际童装网上设计大赛
·图案设计

探究图案设计和配色方案，研究图案的摆放位置，多尝试后才知道哪种是最合适的。

图3-62 《世界上的另一个我》图案设计

将面料放置在服装效果图中，根据服装面料的纹理方向进行调整，从平面的图案调整为立体的面料效果。同时，为服装效果图加入高光，打破整体暗沉的画面色调，但要注意选取高光颜色时，不可选取纯白色，其会导致画面过于死板（图3-63）。

8. 整体效果调整

对整幅画面的明暗关系进行进一步加强，突出款式特点，再次强化服装细节，对拉链、扣子、明缉线、辅料等细节进行深入刻画，突出其材质质感（图3-64）。

9. 效果图构图分析

该系列效果图采用了残缺式构图，将童装效果图部分内容进行弱化或隐藏，通过降低不透明度、缩小及放大人物画面的方式，形成个体人物近大远小、近实远虚的画面效果，打破了传统效果图的构图形式，使画面整体形成丰富的层次感（图3-65）。

图3-63 《世界上的另一个我》图案填充

图3-64 《世界上的另一个我》整体效果调整

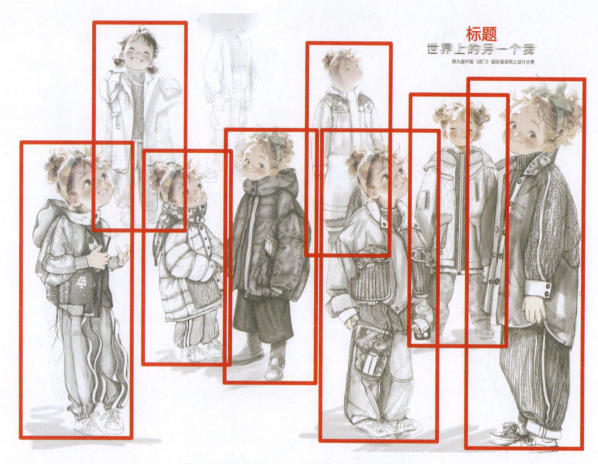

图3-65 《世界上的另一个我》最终效果图构图分析

第四节 主体式构图

一、《浮生若梦》（第十一届中国（虎门）国际童装网上设计大赛银奖）——作者：张黎阳

1.主题灵感来源

《浮生若梦》的灵感来自2022年北京冬奥会的滑雪竞技，在冬奥会的赛场上，中国选手通过高超的技术、卓越的精神，以一种新姿态向世界展现了中国力量，拼接设计在滑雪服中被大量采用，当下，儿童逐渐走向户外参加活动，以此为契机想要通过滑雪服的拼接实用性、功能性结合童装的特点，设计一系列儿童户外实用性童装，如图3-66所示。

2.款式分析

童装的廓型设计需要考虑到儿童的成长特点和活泼好动的天性，因此通常会采用宽松、舒适的廓型，以确保儿童在穿着服装时有足够的活动空间，不受束缚。采用A型、O型、H型、X型廓型使单调的羽绒服造型产生丰富的变化，超大裹领廓型带来冬季满满的安全感。本系列采用多种廓型，使服装更具设计感，如图3-67所示。

图3-66 《浮生若梦》主题灵感来源

主题灵感来源

　　甲骨文，是中国的一种古老文字，是我们能见到的最早的成熟汉字。随着时代的发展，甲骨文化也需要继承和发扬，将甲骨文与科技相结合，不断促进中华优秀传统文化的发展，让甲骨文"活"起来。

款式分析

　　童装的廓型设计需要考虑到儿童的成长特点和活泼好动的天性，因此通常会采用宽松、舒适的廓型，以确保儿童在穿着服装时有足够的活动空间，不受束缚。采用A型、O型、H型、X型廓型使单调的羽绒服造型产生丰富的变化，超大裹领廓型带来冬季满满的安全感。本系列采用多种廓型，使服装更具设计感。

图3-67 《浮生若梦》款式分析

3.色彩趋势

疗愈的蓝色、紫色系成为秋冬装市场的常青色，本系列设计在优雅的都市单品的运用中尤为关键。蓝色为服装注入清新色彩，凭借着自身去性别化的魅力，占据着稳定的商业市场。主要表现形式依旧是宁静质朴，但也不乏以高明度色调节、活跃气氛，以及加入浓郁的深色系稳住格调，如图3-68所示。

图3-68 《浮生若梦》色彩趋势

4.面料及工艺分析

本系列面料选取羽绒面料与针织面料相结合。针织与羽绒的结合设计，羽绒服轻而蓬松的特性结合厚实的针织拼接，既保暖又赋予服装可爱的气息，针织元素既休闲又提升温度感。将针织运用于羽绒服中减少了单调感，使服装精致吸睛。具有高级感的针织加羽绒效果使服装更立体，羽绒服的保暖效果、针织的慵懒随性，将高级感拉满，如图3-69所示。

图3-69 《浮生若梦》面料及工艺分析

5.线稿绘制

根据前期设计版，选取适宜元素，融合进系列童装效果图中，如图3-70所示。

图3-70 《浮生若梦》线稿绘制

6.针织肌理处理

对线稿需要做针织肌理的部位进行绘制，针织肌理的绘制要符合人体曲线的走向（图3-71）。

图3-71 《浮生若梦》针织肌理处理

7.填充颜色、面料及图案

在童装图案设计中，花、草、树等自然元素是非常受欢迎的选择，因为它们既符合儿童天真烂漫、亲近自然的天性，又能通过丰富多彩的设计传递出生机勃勃、积极向上的生活态度。将花、草、树三者结合在一起，可以构建一个完整的自然生态场景，使童装图案更具有故事性和艺术感染力。在童装图案设计中灵活运用这些元素，并借助人工智能生成内容（AIGC）进行变化处理，形成新的抽象元素。不仅可以满足视觉审美需求，也能在潜移默化中培养孩子热爱自然、保护环境的价值观（图3-72、图3-73）。

图3-72 《浮生若梦》图案选取

| #49beec | #051932 | #913969 | #886488 | #2e0928 | #7ff9fe |

图3-73 《浮生若梦》填充颜色、面料及图案

8. 明暗关系处理（图3-74）

图3-74 《浮生若梦》明暗关系处理

9. 整体效果调整（图3-75）

图3-75 《浮生若梦》整体效果调整

10.效果图构图分析（图3-76）

图3-76 《浮生若梦》最终效果图构图分析

二 《山海入梦来》（2023中华杯童装设计大赛战队特别奖）——作者：张锦达

《山海入梦来》是织绘梦境主题的诠释，将海洋文化与山川故事相结合，织绘出一幅唯美的陆上和海上丝绸之路的画卷，系列作品以富有韵律感的几何图案为设计出发点，进行头脑风暴制作，展现出几何图案的独特魅力，也体现出对自然和宇宙的无限敬畏。

1.主题趋势版（图3-77）

图3-77 《山海入梦来》主题趋势版

2.色彩趋势版

《山海入梦来》颜色主要以活力橙、冰川蓝、极光黑进行设计，整体以活泼的暖色为主，通过对比色相互碰撞，展现孩童的天真烂漫，打造出积极、勇敢、充满阳光的男孩形象，营造出更加充满活力、生机的氛围，如图3-78所示。

图3-78 《山海入梦来》色彩趋势版

3.廓型版

采用A型、O型、H型、X型廓型使单调的羽绒服造型产生丰富的变化，超大围裹领廓型带来冬季满满的安全感。西装式棉羽绒服廓型风格会更加洒脱，加一条绑带系腰，凸显腰线、拉长身高比例。充气感的O型棉＋羽绒服将上身包裹成O型，而下身是更像矩形的廓型，打造出具有几何感的视觉效果。本系列采用多种廓型，使服装更具设计感（图3-79）。

图3-79 《山海入梦来》廓型版

4.线稿绘制

在绘制线稿时，结构和工艺的细节处理要精细，以使效果图更加丰富、完整（图3-80）。

图3-80 《山海入梦来》线稿绘制

5.填充颜色及图案

（1）填充颜色。根据灵感主题，选取合适颜色，一套衣服的颜色控制在3～4种，在Procreate软件中新建图层，对服装进行色块填充，要注意色块的填充比例不要相等，以免过于呆板（图3-81）。

5B86BE	40409D	#2e2e2e	499DCC	7B72A7	EF9801

图3-81 《山海入梦来》填充颜色

（2）填充图案。根据主题风格，设计服装图案，图案的风格调性要与设计思路一致（图3-82）。

图3-82　《山海入梦来》填充图案

6.明暗关系处理

（1）阴影处理。使用笔刷直接对需要进行阴影处理的地方展开绘制，光影随着结构出现，如果光影较大，则可以将笔刷调大，反之调小（图3-83）。

（2）高光处理。在处理高光时，要注意高光的亮面不要绘制到阴影面里，既要头实尾虚，又要关注高光的变化（图3-84）。

图3-83 《山海入梦来》阴影处理

图3-84 《山海入梦来》高光处理

7.整体效果调整

根据设计的要求，对整体画面进行调整，刻画细节，细化服装中的装饰，使画面更丰富（图3-85）。

图3-85 《山海入梦来》整体效果调整

8.效果图构图分析（图3-86）

图3-86 《山海入梦来》最终效果图构图分析

参考文献

[1] 沈雷，刘梦颖，姜明明，等. 设计审美视野下的针织服装色彩探析 [J]. 针织工业，2014（6）: 64-67.

[2] 姜丽娜. 针织服装设计与开发过程中的色彩传递与变化 [D]. 上海: 东华大学，2022.

[3] 徐瑶瑶，徐艳华. 毛针织服装图案运用与消费者需求研究 [J]. 轻工科技，2015，31（3）: 74-75, 84.

[4] 王勇. 关于成形类针织服装产品研发图案设计的研究 [J]. 国际纺织导报，2011，39（5）: 28-31.

[5] 姜明明. 基于NCS体系下的针织女装色彩设计研究 [D]. 无锡: 江南大学，2014.

[6] 陈嘉惠，刘艳梅，兰青，等. 装饰图案在针织服饰上的体现 [J]. 轻纺工业与技术，2022，51（4）: 46-49.

[7] 赵亚杰. 服装色彩与图案设计 [M]. 2版. 北京: 中国纺织出版社有限公司，2020.

[8] 沈雷. 针织服装艺术设计 [M]. 3版. 北京: 中国纺织出版社，2019.

[9] 单凌. 波普艺术图案在针织服装设计中的应用 [J]. 艺术科技，2017，30（7）: 139.

[10] 董燕玲. 基于消费者审美取向的毛针织服装色彩设计方法研究 [D]. 杭州: 浙江理工大学，2017.

[11] 五爷hey，张颖. Procreate时装画技法教程 [M]. 上海: 东华大学出版社，2021.

[12] 姚律，袁贞. 童装设计: 系列产品设计企划 [M]. 上海: 东华大学出版社，2020.

附　录

学生作品展示，如附图1～附图21所示。

 略

附图1 《赤子之"星"》（作者：刘明慧

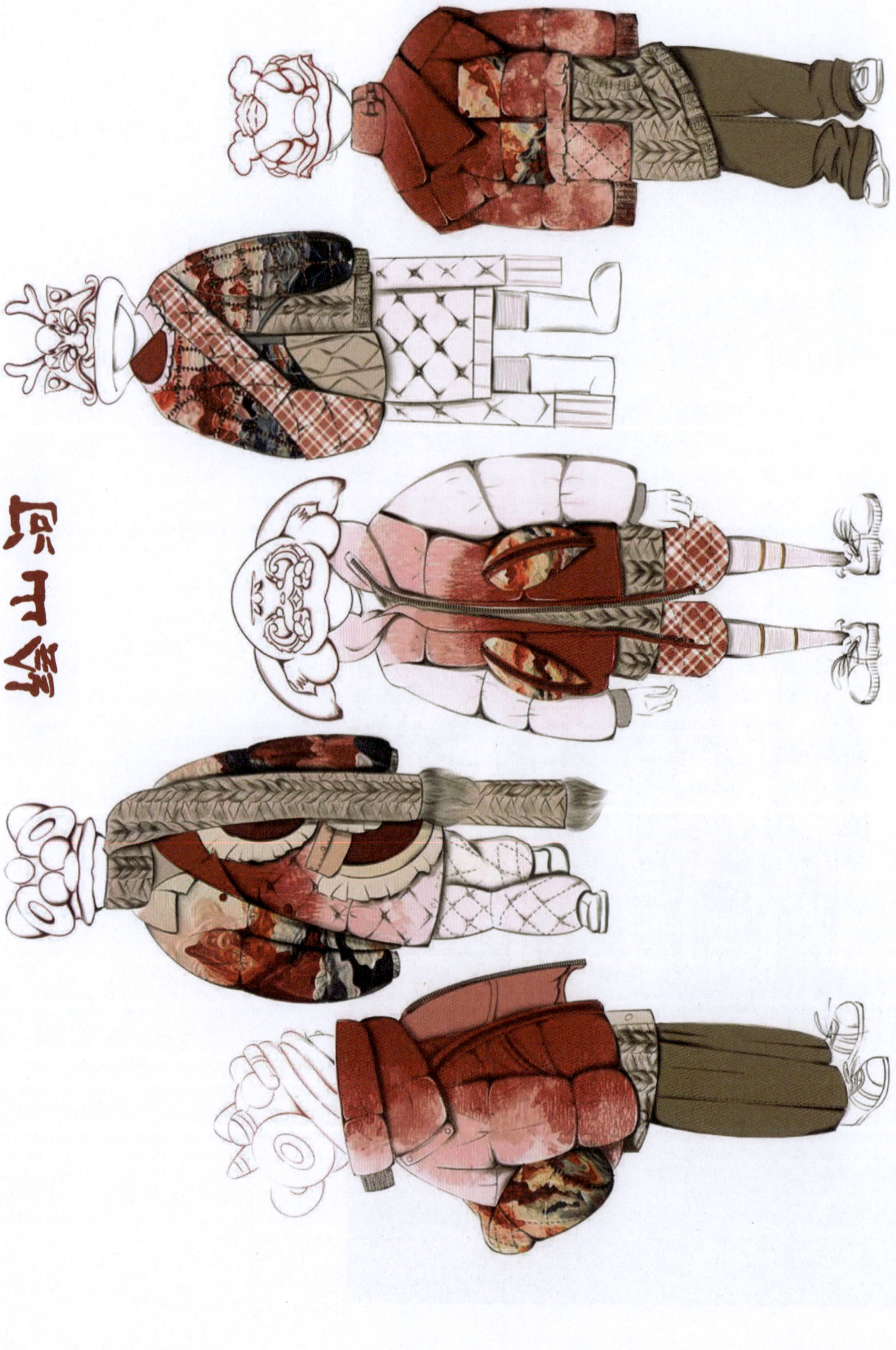

附图2《绘山河》（作者：周王琪）

填充软糖

附图3 《填充软糖》（作者：周玉琪）

前锋紧急支援小组

附图4 《前锋紧急支援小组》（作者：张佳慧）

飞屋环游记

附图5　《飞屋环游记》（作者：张佳慧）

附图6 《水波云影碧空镜》（作者：彭振涛、刘明慧）

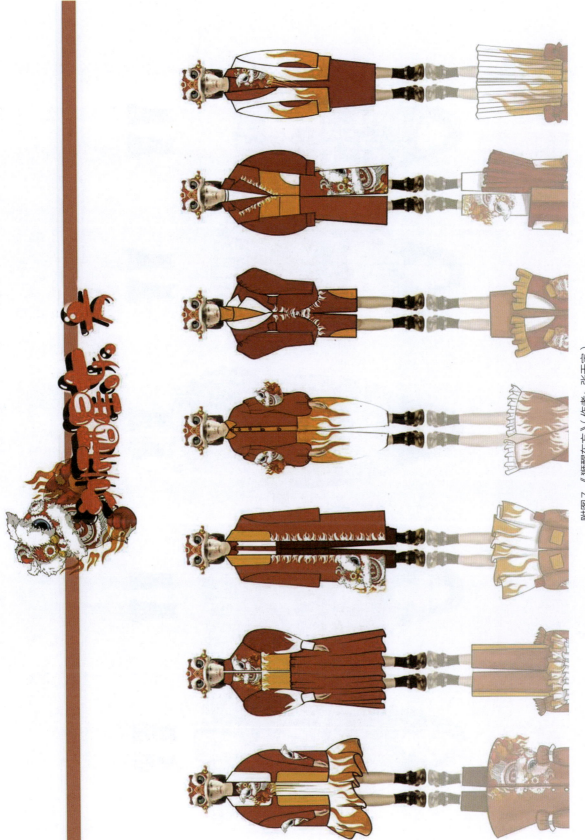

附图7 《狮醒东方》（作者：张天宇）

附图9 《梦幻联动》（作者：张黎阳）

谁动了我的多肉

附图10 《谁动了我的多肉》（作者：张黎阳）

薪 火

附图11 《薪火》（作者：董亚楠）

附图12 《万里》（作者：李彩瑶）

潜行

附图13 《潜行》（作者：冯一金）

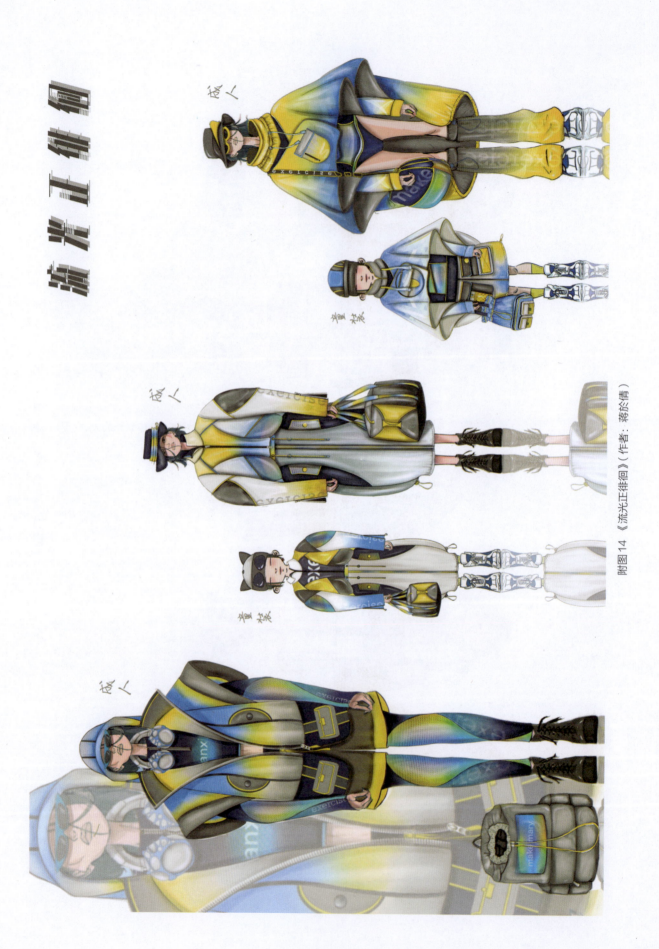

附图14 《流光正徘徊》（作者：蒋欣情）

附图15 《狮醒·东方》（作者：孙巧格、姜峰）

紫夜心语

附图16 《紫夜心语》（作者：张翰）

心之所向

附图17 《心之所向》（作者：张江琴）

一间寻觅

附图19 《AI·世界》（作者：刘明慧）

赤子之星

附图20 《赤子之星》（作者：刘明慧）

附图21 《梦境》（作者：刘德峰）